"十四五"职业教育国家规划教材

职业教育改革与创新系列教材

Geomagic Design X
三维建模案例教程

主　编　杨晓雪　闫学文（企业）
副主编　牛小铁　李大荣（企业）
参　编　蔡　蕾　吴　兵　王兴东
主　审　徐安林

机械工业出版社

本书是"十四五"职业教育国家规划教材。

本书是国内第一本由高校教师与企业逆向工程师联手打造的，以真实工程项目和真实工作过程为特色，以教育部全国高职院校技能大赛和教师大赛为标准的基于 Geomagic Design X 三维建模案例教程，是校企合作在逆向工程领域多年的实践、培训及大赛经验的总结。

本书包含 8 个源于实际工程的项目案例，分别是维纳斯石膏像模型重构、三坐标检测标准件模型重构、叶片模型重构、遥控器模型重构、电话听筒模型重构、安全锤模型重构、车门把手模型重构和汽车后视镜模型重构。本书由浅入深地讲解和示范了逆向工程设计的各个方面，包含点云数据处理、逆向模型重构和误差分析等。

为便于教师教学和读者自学，本书配有项目操作过程的动画演示，同时提供各项目的点云数据，以帮助初学者尽快的掌握 Geomagic Design X 软件的操作步骤和规律，增加了本书的实用性和适用性，配套资源可登录机械工业出版社教育服务网 www.cmpedu.com 注册后免费下载。

本书可作为高等职业院校相关专业的教学用书，也可作为逆向工程师的岗位培训或自学用书。

图书在版编目（CIP）数据

Geomagic Design X 三维建模案例教程/杨晓雪，闫学文主编. —北京：机械工业出版社，2016.4（2025.1 重印）

职业教育改革与创新系列教材

ISBN 978-7-111-53186-9

Ⅰ.①G… Ⅱ.①杨… ②闫… Ⅲ.①工业产品－造型设计－计算机辅助设计－应用软件－高等职业教育－教材 Ⅳ.①TB472－39

中国版本图书馆 CIP 数据核字（2016）第 045574 号

机械工业出版社（北京市百万庄大街 22 号 邮政编码 100037）

策划编辑：齐志刚 责任编辑：陈 宾 齐志刚 叶蔷薇
版式设计：霍永明 责任校对：刘怡丹
封面设计：马精明 责任印制：李 昂

河北宝昌佳彩印刷有限公司印刷

2025 年 1 月第 1 版第 17 次印刷

184mm×260mm · 11 印张 · 256 千字

标准书号：ISBN 978-7-111-53186-9

定价：48.50 元

电话服务 网络服务

客服电话：010-88361066 机 工 官 网：www.cmpbook.com
010-88379833 机 工 官 博：weibo.com/cmp1952
010-68326294 金 书 网：www.golden-book.com

封底无防伪标均为盗版 机工教育服务网：www.cmpedu.com

关于"十四五"职业教育
国家规划教材的出版说明

为贯彻落实《中共中央关于认真学习宣传贯彻党的二十大精神的决定》《习近平新时代中国特色社会主义思想进课程教材指南》《职业院校教材管理办法》等文件精神，机械工业出版社与教材编写团队一道，认真执行思政内容进教材、进课堂、进头脑要求，尊重教育规律，遵循学科特点，对教材内容进行了更新，着力落实以下要求：

1. 提升教材铸魂育人功能，培育、践行社会主义核心价值观，教育引导学生树立共产主义远大理想和中国特色社会主义共同理想，坚定"四个自信"，厚植爱国主义情怀，把爱国情、强国志、报国行自觉融入建设社会主义现代化强国、实现中华民族伟大复兴的奋斗之中。同时，弘扬中华优秀传统文化，深入开展宪法法治教育。

2. 注重科学思维方法训练和科学伦理教育，培养学生探索未知、追求真理、勇攀科学高峰的责任感和使命感；强化学生工程伦理教育，培养学生精益求精的大国工匠精神，激发学生科技报国的家国情怀和使命担当。加快构建中国特色哲学社会科学学科体系、学术体系、话语体系。帮助学生了解相关专业和行业领域的国家战略、法律法规和相关政策，引导学生深入社会实践、关注现实问题，培育学生经世济民、诚信服务、德法兼修的职业素养。

3. 教育引导学生深刻理解并自觉实践各行业的职业精神、职业规范，增强职业责任感，培养遵纪守法、爱岗敬业、无私奉献、诚实守信、公道办事、开拓创新的职业品格和行为习惯。

在此基础上，及时更新教材知识内容，体现产业发展的新技术、新工艺、新规范、新标准。加强教材数字化建设，丰富配套资源，形成可听、可视、可练、可互动的融媒体教材。

教材建设需要各方的共同努力，也欢迎相关教材使用院校的师生及时反馈意见和建议，我们将认真组织力量进行研究，在后续重印及再版时吸纳改进，不断推动高质量教材出版。

机械工业出版社

前　言

Geomagic Design X 为 3D Systems 公司旗下产品，其前身 Rapid Form 是韩国 INUS 公司出品的全球四大逆向工程软件之一。该软件提供了新一代运算模式，可实时将点云数据运算出无接缝的多边形曲面，使它成为 3D Scan 后处理的最佳化接口。

随着逆向技术的发展和逐渐普及，Geomagic Design X 强大的功能和方便的操作被越来越多的用户认可并使用，但相关的书籍和资料十分短缺，特别是一些教育培训机构没有相应的教材组织教学，无法保证教育教学质量。基于市场和学校的实际需求，机械工业出版社组织高校教师和企业专家共同编写了此书。

本书为贯彻党的二十大报告中"实施科教兴国战略，强化现代化建设人才支撑"的精神，为全面落实立德树人根本任务，提高人才质量，培养德智体美劳全面发展的社会主义建设者和接班人，在动态修订的过程中，增加了素质育人元素，结合时政事例，激发学生的家国情怀、工匠精神和民族自信。

本书是国内第一本校企合作打造的 Geomagic Design X 应用项目教程，融合了多年逆向工程设计的实践、培训和大赛经验，其特色如下：

1. 以真实逆向工程项目和工作过程为载体，重点强调逆向设计技术、技能的培养。

2. 精选了全国技能大赛（教育部全国高职院校技能大赛三维建模数字化设计制造赛项、全国机械职业院校教师大赛三维逆向建模与创新设计赛项）的 8 个经典项目。

3. 操作步骤明晰，内容由简到繁、易教易学、序化适当，能够实现"零起点开始，高技术实现"的效果。

4. 附加值高，呈现形式创新。本书的项目均提供原始扫描点云数据（stl）。为方便读者学习，在配套资源中提供了每个项目案例的详细的操作视频，增加了本书的实用性和适用性。

本书共 8 个项目，由北京工业职业技术学院杨晓雪、北京三维天下科技股份有限公司闫学文任主编并统稿，北京工业职业技术学院牛小铁、北京三维天下科技股份有限公司李大荣任副主编。参加编写的还有天津机电职业技术学院王兴东、蔡蕾和陕西工业职业技术学院吴兵。本书由无锡职业技术学院徐安林主审并对本书内容及体系提出了很多中肯的、宝贵的建议，在此表示衷心的感谢！

在本书编写过程中，得到了机械工业教育发展中心技术专家付宏生和北京三维天下科技股份有限公司技术人员的有益指导，在此一并表示衷心感谢！

因本书可参考的资料较少，加之编者水平有限，书中不妥之处在所难免，恳请读者批评指正。

编　者

目　录

绪　　论

0.1　逆向工程的定义

逆向工程（Reverse Engineering，RE）也称作反求工程或逆向设计，是将已有产品模型（实物模型）转化为工程设计模型和概念模型，并在此基础上解剖、深化和再创造的一系列分析方法和应用技术的组合。逆向工程可有效改善技术水平，提高生产率，增强产品竞争力，是消化、吸收先进技术进而创造和开发各种新产品的重要手段。它的主要任务是将原始物理模型转化为工程设计概念和产品数字化模型，一方面为提高工程设计及加工分析的质量和效率提供充足的信息，另一方面为充分利用计算机辅助设计（Computer Aided Design，CAD）/计算机辅助工程（Computer Aided Engineering，CAE）/计算机辅助制造（Computer Aided Manufacturing，CAM）技术对已有产品进行设计服务。

传统产品的开发实现通常是从概念设计到图样，再创造出产品，其流程为构思—设计—产品，被称为正向工程或者顺向工程。它的设计理念恰好与逆向工程相反。逆向工程的产品设计是根据零件或者原型生成图样，再制造产品。目前逆向工程的应用领域主要是飞机、汽车、玩具和家电等模具相关行业。近年来随着生物和材料技术的发展，逆向工程技术也开始应用于人工生物骨骼等医学领域。但是逆向工程技术的研究和应用还仅仅集中在几何形状，即重建产品实物的 CAD 模型和最终产品的制造方面。

逆向工程把三坐标测量机、CAD/CAM/CAE 软件、计算机数字控制（Computerized Numerical Control，CNC）机床有机而又高效地结合在一起，成为产品研发和生产的一个高效、便捷的途径。逆向工程不仅仅是产品的仿制，更肩负着数学模型的还原和再设计的优化等多项重任。以往逆向工程通常是指对某一产品进行仿制工作。这种需求可能发生于原始设计图文件遗失、部分零件重新设计，或是委托厂商交付一件样品或产品，如高尔夫球头、头盔模型，请制造厂商复制出来。传统的复制方式是立体雕刻机或液压三次元靠模铣床制造出等比例的模具，再进行生产。这种方法称为模拟式复制，无法建立工件尺寸图档，也无法做任何的外形修改，现在已渐渐被数字化的逆向工程系统所取代。

目前的逆向工程技术是指针对现有工件，利用 3D 数字化测仪器，准确、快速地取得轮廓坐标，经过曲面建构、编辑和修改后，传至一般的 CAD/CAM 系统，再由 CAM 产生的数字控制（Numberical Control，NC）加工路径，以 CNC 加工机制做模具，之后就可以做产品并进行批量生产。当前，虽然逆向工程有了长足进展，其概念已深入人心，并被广泛应用于各个领域，不仅是机械产品的研发，先进企业都纷纷采用逆向工程模式进行产品研发和生产，但产品逆向工程还是一个不完全成熟的过程，各个环节仍有待于进一步完善、探索和研究，并没有非常完善的解决方案。

0.2　逆向工程的关键技术流程

逆向工程一般可分为五个阶段：获取数据、处理数据、重建原型 CAD 模型、快速加工、检验与修正模型。同时，这些阶段也为逆向工程的五大关键技术。

（1）获取数据　获取数据是逆向工程 CAD 建模的首要环节。通常采用的数据测量手段有使用三坐标测量机、三维数字化扫描仪、工业 CT 和激光扫描测量仪等设备来获取零件原型表面的三维坐标值。

（2）处理数据　处理数据是逆向工程 CAD 建模的关键环节。它的结果可以直接影响后期重建模型的质量。它的主要内容包括散乱点排序、多视拼合、误差剔除、数据光顺、数据精简、特征提取和数据分块等。对于在获取数据的测量过程中受某些仪器的影响，或者在测量过程中不可避免地会带进噪声和误差等，必须对点云数据进行某些补偿或者删除一些明显错误点；对于大量的点云数据，也得对其进行精简。因此，对于获取得到的数据进行一系列数据拓扑的建立、数据滤波、数据精简、特征提取与数据分块的数据处理是必不可少的。对于一些形状复杂的点云数据，经过数据处理，将被分割成特征相对单一的块状点云，按测量数据的几何属性对其进行分割，采用匹配与识别几何特征的方法来获取零件原型所具有的设计与加工特征。

（3）重建原型 CAD 模型　通过复杂曲面产品反求工程 CAD 模型，进而通过建模得到该复杂曲面的数字化模型是逆向工程的关键技术之一，此技术涉及计算机、图像处理、图形学、神经网络、计算几何、激光测量和数控等众多交叉学科及领域。

运用 CAD 系统模型，将一些分割后形成的三维点云数据做表面模型的拟合，并通过各曲面片的求交与拼接来获取零件原型表面的 CAD 模型。其目的在于获得完整一致的边界表示 CAD 模型，即用完整的面、边、点信息来表示模型的位置和形状。只有建立了完整一致的 CAD 模型，才可保证接下来的过程顺利进行下去。

（4）快速加工　现有的快速加工有"减材加工"的数控加工，还有"增材加工"的快速成型机，是整个流程的最关键环节。

数控加工是指在数控机床上进行零件加工的一种工艺方法，数控机床加工与传统机床加工的工艺规程从总体上来说是一致的，但也发生了明显的变化。数控加工用数字信息控制零件和刀具位移的机械加工方法，是解决零件品种多变、批量小、形状复杂、精度高等问题和实现高效化及自动化加工的有效途径。

近年来，国际上在设计制造领域出现了很多新的成型技术和方法。快速成型（Rapid Prototyping，RP）从 20 世纪 80 年代中后期开始发展起来，是将计算机辅助设计、计算机辅助制造、计算机数控技术及材料学等结合应用的一种新型综合性成型技术。这一技术的出现被认为是近代制造技术领域的一次重大突破，对制造业的影响可与当年数控技术的出现相媲美。RP 技术主要是通过把合成材料堆积起来生成原型的形状加工技术，使用材料包括聚酯、ABS、人造橡胶、熔模铸造用蜡和聚酯热塑性塑料等，所制作原型件的强度可以达到其本身强度的 80%。由于 RP 技术可将 CAD 的设计构想快速、精确而又经济地生成可触摸的物理实体，从而可以对产品设计进行快速评估、修改和部分的功能试验，有效地缩短了产品研发周期，以快速提供市场需要的产品。

（5）检验与修正模型　重建 CAD 模型的检验与修正主要包括精度与模型曲面品质等方面。精度反映反求模型与产品实物差距的大小。该阶段的进程是根据获得的 CAD 模型重新测量和加工出样品，来检验重建的 CAD 模型是否满足精度或者其他实验性能指标的要求，对不满足要求者重复以上过程，直至达到零件的设计要求。

目前，精度的评价没有统一标准，但是根据通用的方式，可以在曲面品质的评价时，采用控制顶点、曲率梳、反射线、高光线、等照度线和高斯曲率等方法，对曲面拼接连续性的精度和曲面的内部品质进行评价。

0.3　逆向工程的应用与发展

随着新的逆向工程原理和技术的不断引入，逆向工程已经成为联系新产品开发过程中各种先进技术的纽带，在新产品开发过程中居于核心地位，被广泛应用于摩托车、汽车、飞机、家用电器、模具等产品的改型与创新设计，成为消化和吸收先进技术、实现新产品快速开发的重要技术手段。逆向工程技术的应用对发展中国家的企业缩短与发达国家的差距具有特别重要的意义。据统计，发展中国家 65% 以上的技术源于国外，而且应用逆向工程消化并吸收先进技术经验，并使产品研制周期缩短 40% 以上，极大地提高了生产率和竞争力。因此，研究逆向工程技术，对科学技术水平的提高和经济发展具有重大意义。

目前，逆向工程在数据处理、曲面处理、曲面拟合、规则特征的识别、专用商业软件和三维扫描仪的开发等方面已取得了非常显著的进步，但在实际应用中，缺乏明确的建模指导方针，整个过程仍需大量的人工交互，操作者的经验和素质影响着产品的质量，自动重建曲面的光顺性难以保证，对建模人员的经验和技术技能依赖较重。而且目前的逆向工程 CAD 建模软件大多仍以构造满足一定精度和光顺性要求的 CAD 模型为最终目标，没有考虑到产品的创新需求，因此逆向工程技术依然是目前 CAD/CAM 领域中一个十分活跃的研究方向。

逆向工程 CAD 建模的研究经历了以重构几何形状为目的的逆向工程 CAD 建模、基于特征的逆向工程 CAD 建模和支持产品创新设计的逆向工程 CAD 建模三个阶段。以现有产品为原型、还原产品的设计意图以及注重重建模型的再设计能力已成为当前逆向工程 CAD 建模研究的重点。

0.4　软件安装

1. 系统要求

最基本的系统硬件要求如下（较大的内存可以处理更大的模型）。

处理器：Intel® 与 AMD® 处理器，2GHz 或以上。

RAM：4GB。

硬盘：建议使用 30GB 以上（每百万个点的临时文件缓存大约需要 3GB 可用硬盘空间）。

显卡：OpenGL 1.2 或以上，32 位真彩。

2. 操作系统

支持的操作系统如下。

- Windows Vista（32 位或 64 位 SP1 或以上）
- Windows 7（32 位或 64 位）
- Windows 8（32 位或 64 位）

第三方应用程序：Microsoft . NET Framework 4.0。

3. 软件下载

如果在设置中，将"自动更新产品"选项设置为"True"，已经激活了有效的维护码，并且计算机已联网，应用程序将会自动检查是否有新的版本，并会自动下载安装。单击"帮助"→"检查更新"，可以手动检查更新。使用此命令可以将产品更新为最新的版本。

4. 安装步骤

请按照下面的步骤完成更新。从 Geomagic 支持中心下载 ZIP 文件，链接如下：http://support1. geomagic. com/link/portal/5605/5668/Article/2191/Getting-Started-With-Geomagic-Solutions。

将 ZIP 文件解压到临时目录下。双击 . exe 文件，按照提示进行更新安装。

注意：安装后，运行应用程序时会确认更新，单击"帮助"→"关于"可以查看产品的版本。

5. 激活许可

Geomagic Verify 需要激活许可才可以在计算机上运行。如果之前已购买过该产品，并已在计算机上对之前版本的应用程序激活过许可，在运行新版本的应用程序时就无须重新激活许可。如果这是用户第一次运行该应用程序，在启动应用程序后就需要在"许可激活"对话框中进行激活。

0.5 用户界面

该软件的用户界面比较直观，如图 0-1 所示，主要由菜单栏、工具面板、工具条、特征树、模型树、模型显示区和状态栏等组成。用户界面窗口和工具栏可以修改，可以使它们常显示或在工具栏区域单击鼠标右键动态显示。

1）工具面板。

① 面片：处理面片格式数据。

② 领域组：划分点云区域。

③ 点云：处理点云数据。

④ 面片草图：截取点云数据轮廓再编辑。

⑤ 草图：不依托点云数据直接做二维轮廓图形。

⑥ 创建特征。

2）工具栏：视图、特征的显示/隐藏等。

3）特征树：记录作图顺序和方法。

菜单栏　工具面板　工具栏

Accuracy Analyzer（TM）

特征树

模型显示区

模型树

显示&帮助

对话框树

"确认"按钮

状态栏

内存使用显示　HD 缓存监视器

图　0-1

4）模型树：对特征具体划分。

5）Accuracy Analyzer（TM）：模型分析。

项目1 维纳斯石膏像模型重构

学前见闻

匠心，刻在一刀一锤间——郑春晖

项目引入

客户：北京京西时代科技有限公司

产品：维纳斯石膏雕像

背景：

北京京西时代科技有限公司应某艺术家的要求将其设计稿维纳斯石膏像放大到 2.5m 高，并进行分块加工，最终组装后参加某展览。

图 1-1

现有维纳斯石膏雕像一个（图 1-1）以及通过三维扫描仪采集后未经处理的三维数据（.stl），现需要根据数据进行复杂曲面的实体重构，以满足加工要求。

技术要求：数据完整、特征清晰、整体精度为 0.1mm。

项目分析

本章主要介绍 Geomagic Design X 中维纳斯石膏雕像三维数据的处理、自动拟合复杂特征曲面以及误差分析的全过程，如图 1-2 所示。

a) 原始数据　　　a) 曲面重构　　　c) 误差分析

图 1-2

项目要点

➢ 熟悉逆向建模
➢ 熟悉 Geomagic Design X 中数据处理的基本功能
➢ 熟悉 Geomagic Design X 中自动拟合曲面的基本功能
➢ 熟悉 Geomagic Design X 中误差分析的基本功能

难度系数

★☆☆☆☆

任务 1 点云数据的处理

1.1 点云导入

1）选择菜单"插入"→"导入"命令，弹出如图 1-3 所示的对话框，选择点云数据"维纳斯.stl"，单击"仅导入"按钮。

图 1-3

2）导入数据如图 1-4 所示。

图 1-4

1.2　点云过滤杂点

1）单击"点云"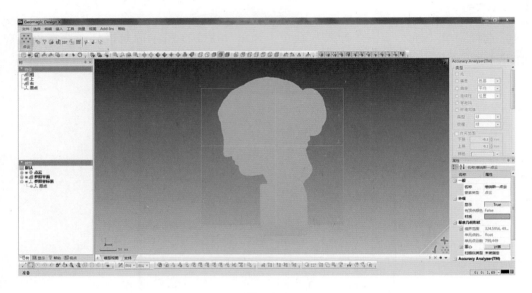按钮进入点云模块，如图 1-5 所示。

图　1-5

2）单击"过滤杂点"按钮，再单击"确定"按钮即可，如图 1-6 所示。

图　1-6

命令详解

　　"杂点清除"命令可以从点云中过滤杂点，主要应用于从点云中清理杂点群以及删除不必要的点，如图1-7所示。

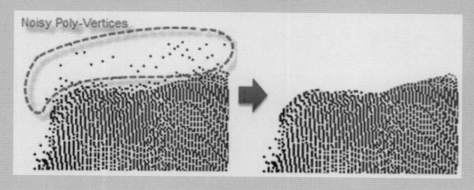

图　1-7

详细选项

　　过滤离群区域：设置一个理想区域，删除在定义区域外的所有点。

　　用包围盒过滤：将理想区域定义为有体积的长方体。删除该区域外的所有点。

1.3　点云采样

　　利用"点云采样" 按钮，在详细设置中勾选"保持边界"复选框，百分数根据模型扫描的数量来判定，如图1-8所示。

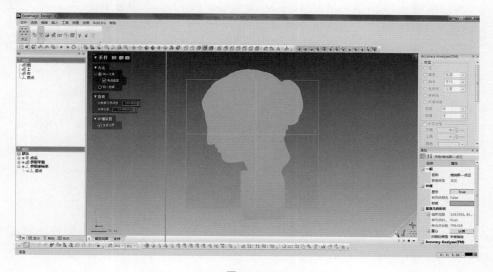

图　1-8

命令详解

　　"采样"命令主要应用于根据曲率比例、距离和许可公差来减少单元面数量，用于处理大规模点云或者删除点云中多余的点。

详细选项

　　1）统一比率：使用统一的单元点比率减少单元点的数量，设置前后如图 1-9 所示。

　　考虑曲率：根据点云的曲率流采样点云。勾选此复选框，对于高曲率区域采样的单元点数将比低曲率区域的少，因此可以保证曲率流的精度。

　　采样比率：使用指定的数值采样数据点。如果比率设置为 100%，就会使用全部选定的数据。如果设置为 50%，只会使用选定数据的一半。

　　目标单元点数：设置在采样后留下的单元点的目标数量，设置前后如图 1-10 所示。

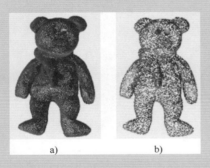

　　　a)　　　　　　b)　　　　　　　　　　　a)　　　　　　b)

　　　　　图 1-9　　　　　　　　　　　　　　图　1-10

　　2）统一距离：减少单元点的数量，因此可以使用平均距离统一布局单元点，设置前后如图 1-11 所示。

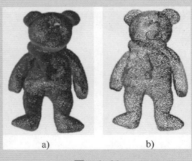

　　　　　a)　　　　b)

　　　　图　1-11

　　单元点间的平均距离：设置单元点间的平均距离。单击"估算"按钮，可以估算平均距离。

　　3）保留边界：保留境界周围的单元点，通常默认勾选。

1.4　点云平滑

利用"点云平滑" ![按钮图标] 按钮，根据用户需要，设置强度和平滑度，如图1-12所示。

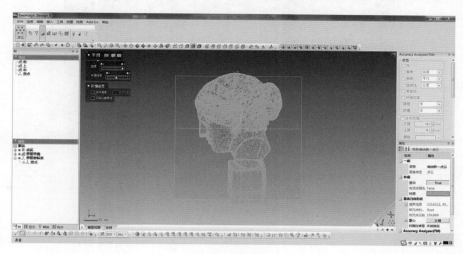

图　1-12

命令详解

　　"平滑"命令可以降低点云外部形状的粗糙度，主要应用于降低点云粗糙度的影响，如图1-13所示。

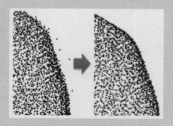

图　1-13

详细选项

　　许可偏差：设置许可偏差的范围，平滑过程中在许可偏差内限制单元点的变形。

1.5　构造面片

利用"构造面片" ![按钮图标] 按钮，选择"点云"数据，选中"构造面片"，几何形状捕捉精度设置为高，扫描仪精度保持默认即可，如图1-14所示。

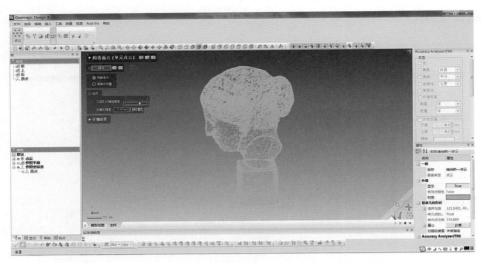

图　1-14

命令详解

　　"构建面片"命令利用已选定的单元点创建面片，主要应用于利用点云的局部区域创建面片，如图 1-15 所示。

图　1-15

详细选项

　　点云：选择点云或局部单元点作为目标要素。

　　删除原始数据：在面片单元化后，删除原始 3D 扫描数据。

　　抑制结果"从特征树中抑制结果。单击特征树中特征名称旁边的复选框可以将创建的特征抑制（见图 1-16b）或解除抑制（见图 1-16a）。

　　删除杂点：删除杂点单元面，使用该选项前后如图 1-17 所示。

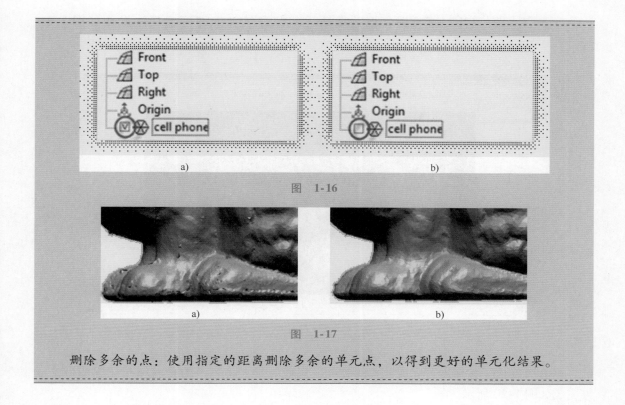

图　1-16

图　1-17

删除多余的点：使用指定的距离删除多余的单元点，以得到更好的单元化结果。

任务2　面片修复与处理

2.1　三角网格面片修补

1）单击特征树下"维纳斯—点云"，双击进入"面片"模板，如图1-18所示。

图　1-18

2）单击"穴填补"  按钮，将数据缺失的部分填补上即可，具体操作如图 1-19 所示。

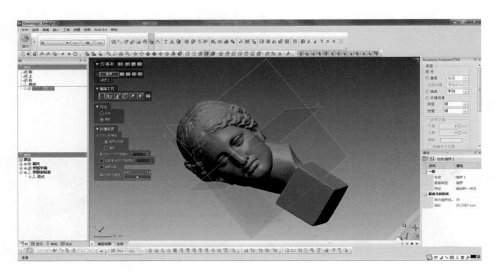

图　　1-19

单击"确认"按钮即可完成此穴的补孔，以此类推，将剩下的孔洞填充完毕即可，最终完成如图 1-20 所示。

注意：在选择孔时，按住〈Ctrl〉键并选择工件上的孔洞，这样可选择多个孔进行填补。

查看穴填充是否完毕：软件右下方的"基准几何形状"模块下的"境界数"为"1"，即可了解数据只有下方一个平面为穴，说明已无其他穴，如果"境界数"为 1 以上，需查看数据的其他穴并进行填补，如图 1-21 所示。

图　　1-20

图　　1-21

命令详解

　　"穴填补"命令根据面片的特征形状使用单元面来填补缺失的孔洞。此命令也拥有可以改善边界或删除边界特征形状的高级编辑功能，主要应用于根据面片的特征形状手动使用单元面填补缺失的孔洞，如图1-22所示。

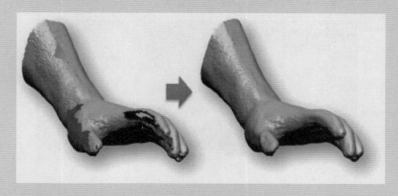

图　1-22

　　填补方式如下所示。

　　平坦：使用平坦的单元面填补目标境界，如图1-23所示。

图　1-23

　　曲率：使用跟随境界的曲率单元面填补目标境界，如图1-24所示。

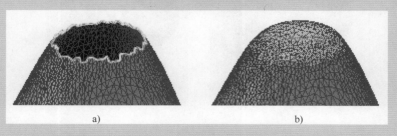

图　1-24

2.2　面片优化

　　利用"平滑" 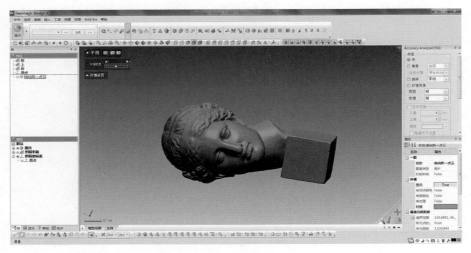 按钮，将"平滑程度"调整为中间位置，单击"确定"按钮即可，如图 1-25 所示。

图　1-25

命令详解

　　"平滑"命令可以消减杂点，降低面片的粗糙度，可以适用于整个面片，也可以适用于局部选定的单元面，主要应用于消减杂点的影响，降低整个面片或局部选定的单元面的粗糙度，以提高面片品质，如图 1-26 所示。

图　1-26

　　许可偏差：设置在平滑操作过程中单元面变形的许可偏差。

　　不移动境界线：保留境界单元点的移动量，原始数据如图 1-27a 所示，选择该选项后如图 1-27b 所示，未选择该选项如图 1-27c 所示。

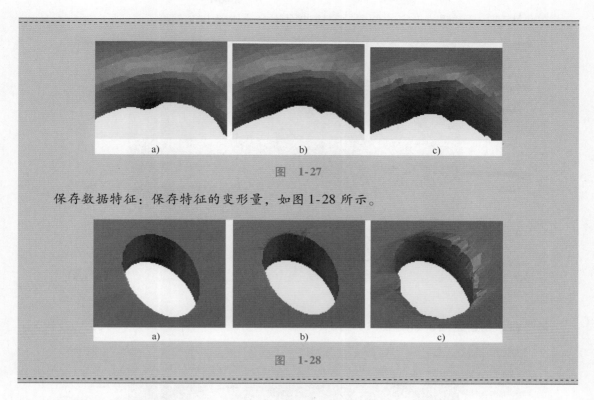

图 1-27

保存数据特征：保存特征的变形量，如图1-28所示。

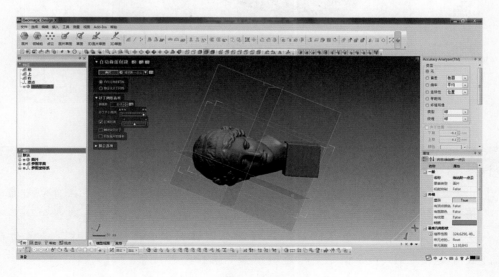

图 1-28

2.3 自动拟合曲面

利用"自动曲面创建" ◆ 按钮，选择"面片"，选中"均匀分布的网格"，"补丁网格选项"为"自动"即可，如图1-29所示。

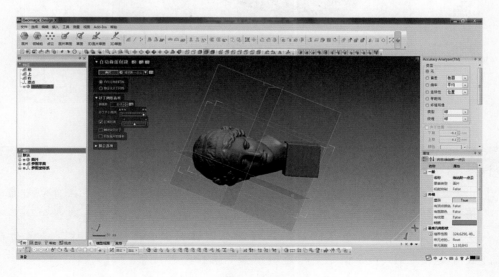

图 1-29

在此状态下，可调节十字的位置，完成曲面建模，如图 1-30 所示。

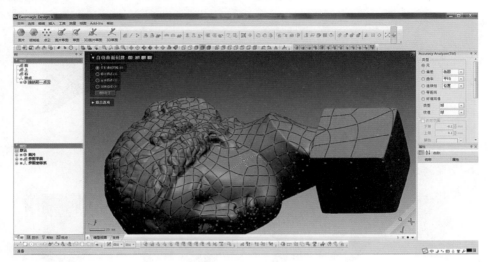

图   1-30

最终曲面创建完成，如图 1-31 所示。

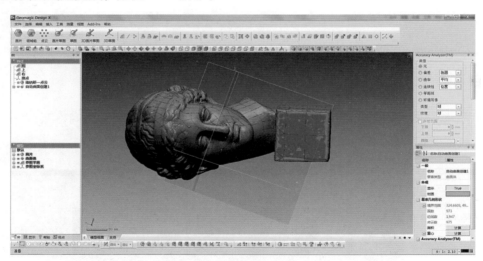

图   1-31

命令详解

　　"自动曲面创建"命令自动将 CAD 曲面与面片拟合来创建曲面。在自动曲面过程中，应用程序会自动创建曲线网格，该网格可以覆盖整个面片且拟合网格中的每个面片，如图 1-32 所示。该命令主要应用于用面片创建曲面，有助于创建复杂零件的曲面，并且可定义 CAD 中不能定义的模型，如有机或天然对象。

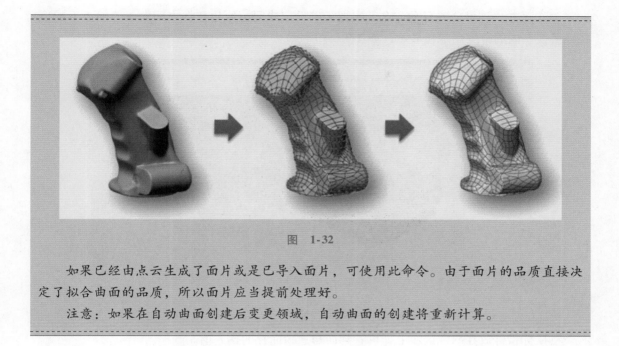

图   1-32

如果已经由点云生成了面片或是已导入面片，可使用此命令。由于面片的品质直接决定了拟合曲面的品质，所以面片应当提前处理好。

注意：如果在自动曲面创建后变更领域，自动曲面的创建将重新计算。

任务3   误差分析和文件输出

3.1   误差分析

在"Accuracy Analyzer（TM）"面板的"类型"选项组中选中"偏差"单选按钮，显示曲面与网格（三角面片）之间的偏差，如图1-33所示。

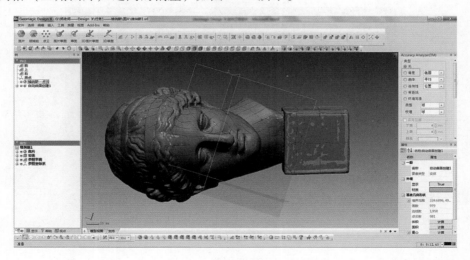

图   1-33

解除下方"许可公差"的勾选，根据需求设定曲面与原始数据之间的编差的上下限值，将许可公差内的范围用绿色显示，如图1-34所示。

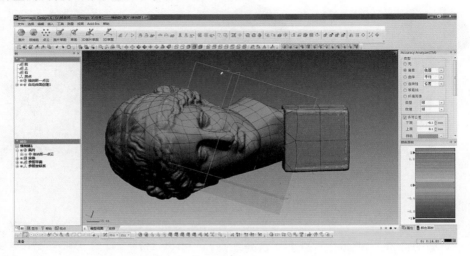

图 1-34

将鼠标指针放在绿色区域上即可看到面与三角面片的偏差值。

3.2 文件输出

1. 输出 STP 文件

在菜单栏中，选择"文件"→"输出"，选择所选工件，单击"确定"按钮即可，如图1-35所示。

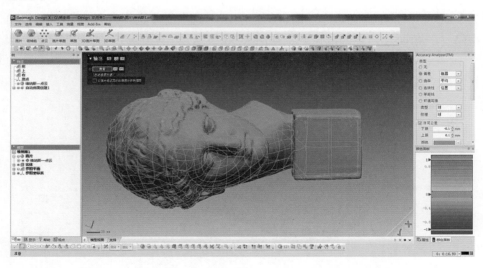

图 1-35

选择文件的位置以及文件的格式，此案例保存为 STP 格式，如图1-36所示。

2. 文件在线链接其他三维设计软件

在菜单栏中，选择"文件"→"Live Transfer（TM）"，选择所选的三维软件，如图 1-37 所示。

图　1-36

图　1-37

思考与练习

1）什么是逆向工程？逆向工程的关键技术流程是什么？

2）了解逆向工程的应用领域和发展前景。

3）数据在点阶段和面阶段的处理（过滤杂点、采样和平滑处理等）对模型的影响是什么？

4）在三角面片阶段如何保证不影响真实数据的情况下进行数据填补和降低面片数量？

5）误差分析中如何看待特征明显处是否超出标准范围？

项目 2 三坐标检测标准件模型重构

学前见闻

如切如磋，如琢如磨——五尺钳台上的精细大师李凯军

项目引入

客户：北京工业职业技术学院
产品：海克斯康三坐标测量样件
背景：

北京工业职业技术学院采购海克斯康三坐标测量仪一台（图2-1），但每台设备仅配置了一个检测样件，为了满足三坐标检测课程中每个教学班有 40 个检测样件的需求，特需要实体模型进行后续加工。由于检测样件精度要求较高，已通过德国 COMET 5 400M 采集了其三维数据（.stl），根据数据进行特征模型的重构。

图 2-1

技术要求：特征重构（圆、圆柱、椭圆等），整体精度为 0.05mm。

项目分析

本项目主要介绍 Geomagic Design X 中海克斯康三坐标测量样件。

通过坐标系的建立、特征区域的划分、基于典型特征（圆、圆锥和圆柱等）的模型特征重构以及最终通过误差分析来检测实体模型是否合格。其过程如图2-2 所示。

a) 原始数据　　b) 区域划分　　c) 实体模型　　d) 误差分析

图 2-2

项目要点

➤ 掌握 Geomagic Design X 模型坐标系建立的基本方法
➤ 掌握 Geomagic Design X 规则模型特征的创建
➤ 掌握 Geomagic Design X 中草图的基本功能
➤ 掌握 Geomagic Design X 中自由曲面构造的基本功能

难度系数

★ ★ ☆ ☆ ☆

任务 1 点云数据的处理

1.1 点云导入

将点云数据"三坐标检测标准件模型 . stl"文件直接拖入软件中，如图 2-3 所示。

1.2 三角网格面片修补

单击左侧特征树下的三角面片，双击进入"面片"模块，对三角面片进行修补，单击并使用"面片的优化"命令，使整体的面片优化，如图 2-4 所示。

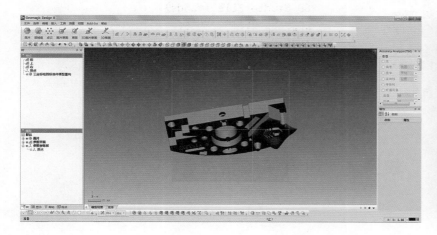

图 2-3

图 2-4

命令详解

"面片的优化"命令根据特征形状优化面片，提高面片的品质。此命令也拥有高级选项可以控制单元面的大小以及平滑模型，主要应用根据特征形状优化面片、创建高品质的曲面（图 2-5）以及用于有限元分析（Finite Element Analysis，FEA）。

图 2-5

1.3 数据保存

选择"文件"→"保存"命令，如图 2-6 所示。

单独输出文件，则选择所需的文件输出即可，如图 2-7 和图 2-8 所示。

  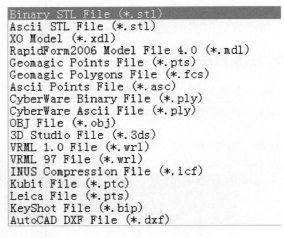

图 2-6   图 2-7   图 2-8

任务 2   创建模型特征

2.1 领域组划分

1. 自动分割

单击进入"领域组" ■ 模块，自动弹出"自动分割" ■ 按钮，将"敏感度"设置为"10"，"面片的粗糙度"设置为中间位置，最后单击"确定"按钮即可，如图 2-9 所示。

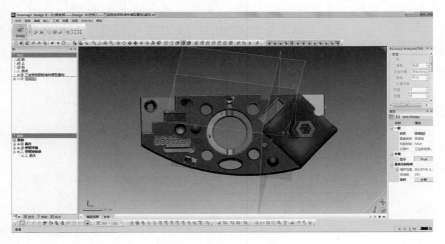

图 2-9

命令详解

　　"自动分割"命令通过识别原始扫描数据的 3D 特征，自动分类特征领域。经分类的特征领域具有几何特征信息，可用于快速创建特征。该命令主要应用于分类面片上的特征领域，以及将几何特征信息用于快速、轻松地创建特征，如图 2-10 所示。

　　注意：对领域进行分类后，将鼠标指针放到领域上，几何形状的类型就会显示出来，可以查看领域分割的结果。如果想仅选择领域，在工具栏中单击"过滤领域"按钮。

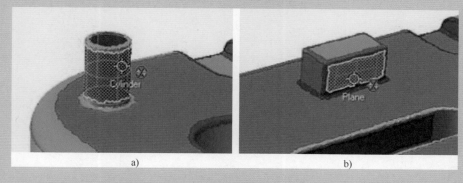

图　2-10

详细选项

　　敏感度：设置检索特征领域的敏感度，敏感度 100 和 20 分别如图 2-11a、b 所示。

　　注意：如果滑块移至"高"，系统则会提高检索敏感度。如果面片很粗糙，较高的检索敏感度可能会生成比较多的领域组。

图　2-11

　　面片粗糙度：根据杂点水平调整面片的粗糙度。如果单击"估算"按钮，应用程序将会分析面片并显示一个合适的值，如图 2-12 所示。

　　注意：如果已经分类过特征领域，使用此选项将会保存当前的领域。此选项可用于管理面片上的自由形状与特征形状部分。

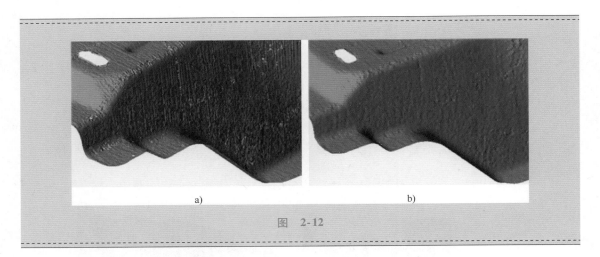

图　2-12

2. 重分块

如果自动分割领域组后的数据分区不能满足后期建模的要求，需要对分区后的数据进行重新分割。

命令详解

"重新分割"命令可以删除选定的领域，然后对齐再次分类。有时候领域分割标准根据模型的尺寸和详细特征需有不同的值。一般情况下，在自动分割（整体对领域进行分类）后，再对局部区域运行"重新分割"命令。该命令主要应用于在领域上自动分类几何形状，如图 2-13 所示。

图　2-13

3. 分离

对划分的区域进行自定义划分，单击"分离" 命令，选择左下角的"画笔选择模式" ，对所不满意的领域组进行划分即可，如图 2-14 所示。

注意：调节画笔圆形的大小时可按住〈Ctrl + Alt〉键并拖动鼠标左键"即可。

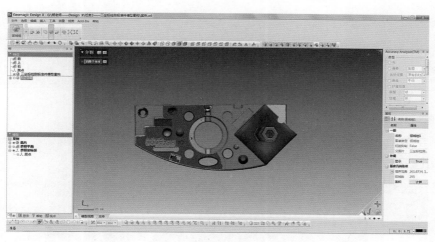

图　2-14

命令详解

　　"分割"命令将一个领域分割为多个部分，主要应用于手动划分特征领域以及将特征领分割为多个部分，如图 2-15 所示。

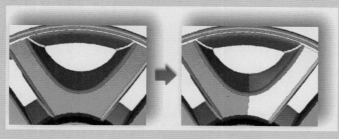

图　2-15

　　注意：在分割领域时，有点选和拖动两种选择方式。如果已在领域上选择了多段线的一个点，就可以用多段线分割领域。但是如果用拖动的方式选择了领域，也可使用当前的选择方式。例如，如果当前的选择方式是"画笔刷"，并使用拖动的方式选择了领域，则可以使用"绘画刷"，如图 2-16 所示。

图　2-16

详细选项

局限于领域：仅分割选定的单一领域。

---

4. 合并

选择两个领域组，单击"合并"按钮，即可将两个领域组合并成为一个领域组，如图 2-17 和图 2-18 所示。

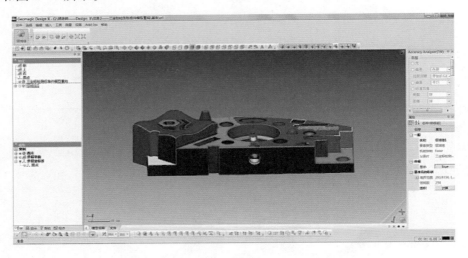

图　2-17

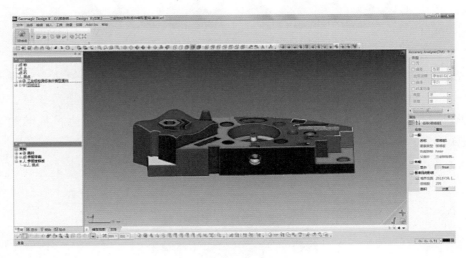

图　2-18

5. 扩大和缩小

选择所选中的领域组，单击"扩大" ▣ 按钮，即可将所选的领域组范围扩大，相反，"缩小" ▣ 按钮亦是如此。

2.2　对齐坐标系

创建基准面，单击"平面"按钮，选择分割好的领域组，分别创建平面 1、平面 2、平面 3，如图 2-19 所示。

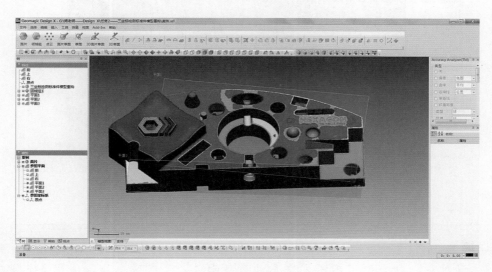

图　2-19

单击"手动对齐" 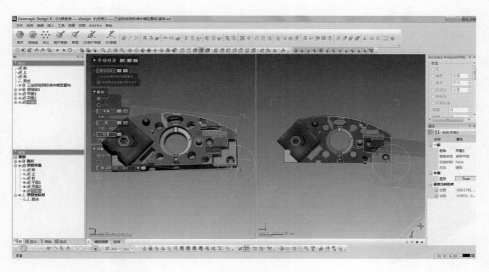 按钮，再单击 ⬌ 即可，选择之前做的三个平面，如图 2-20 所示。

图　2-20

单击"确定"按钮即可，再单击主视图，查看对齐后结果，如图 2-21 所示。

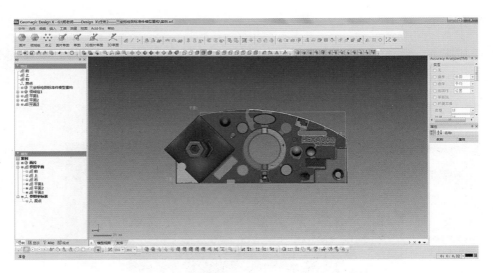

图　2-21

命令详解

　　"手动对齐"命令使用不同方法手动对齐面片，可在这一阶段使用 3-2-1 或者 X-Y-Z 对齐方式，如图 2-22 所示。目标可以设置为坐标或 X-Y-Z。

详细步骤

　　1）选择移动要素，此阶段选择要对齐的移动要素（面片或点云）。选择的要素将会与世界坐标系对齐。

　　2）确定对齐方式，可在这一阶段使用 3-2-1 和 X-Y-Z 对齐方式，当然需要设置位置以及 X 轴、Y 轴、Z 轴的对齐参数。

　　注意：使用模型视图中的机械手可以手动对齐扫描数据。拖动 X、Y、Z 方向上的箭头或旋转拖动圆，可以移动扫描数据。选择作为平面或线的要素将会有灰色的约束方向和轴，如图 2-23 所示。

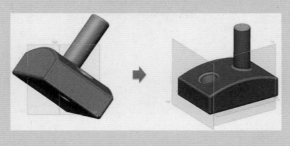

图　2-22　　　　　　　　　　　　　　　　图　2-23

2.3 草图绘制

1）选择"平面前"，单击"面片草图"按钮，设置"由基准面偏移的距离"为"31mm"，单击"确定"按钮即可，如图 2-24 所示。

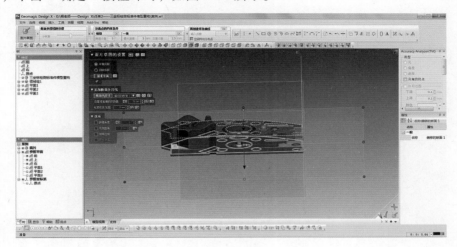

图 2-24

注意：如果进入草图之后，显示为反面资料，单击图标 ⚠ 即可。

2）单击"直线" ＼ 按钮，将直线的区域进行拟合，如图 2-25 所示。

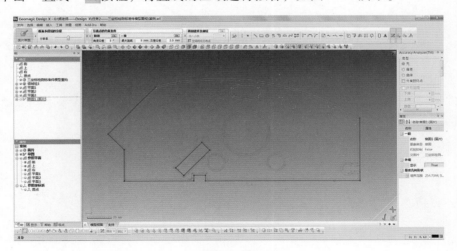

图 2-25

命令详解

"直线"命令主要应用于在基准草图平面上绘制直线以及创建草图轮廓用于生成平面特征。

注意：双击鼠标左键或单击鼠标右键都可以完成绘制直线。如果需要更多的直线，可在不退出命令的情况下连续绘制直线。绘制直线后，单击"取消"按钮，可以完成绘制。

如何在面片草图模式中绘制断面多段线的直线

1）选择"插入"→"面片草图"或单击工具栏上的图标，进入"面片草图"模式，如图 2-26 所示。

2）隐藏面片，仅显示断面多段线，如图 2-27 所示。

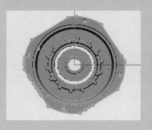 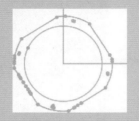

图 2-26　　　　　　　　　　　图 2-27

3）选择"工具"→"草图要素"→"直线"或单击工具栏上的图标。选择"拟合多段线"选项，选择断面多段线（见图 2-28a），单击"接受拟合"按钮或双击鼠标左键可以确认预览的直线（见图 2-28b）。

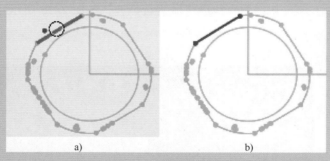

a)　　　　　　　　　　b)

图 2-28

详细选项

多段线拟合：创建面片或点云的多段线直线，如图 2-29 所示。

图 2-29

注意：单击"接受拟合" ☑ 按钮或双击鼠标左键，接受拟合。单击"取消拟合" ☒ 按钮可以取消拟合。单击"清除选择" 按钮，可以清除选择。

3）单击"圆"⊙按钮和"3点圆弧"⊙按钮，将圆弧及圆的区域进行拟合，如图2-30所示。

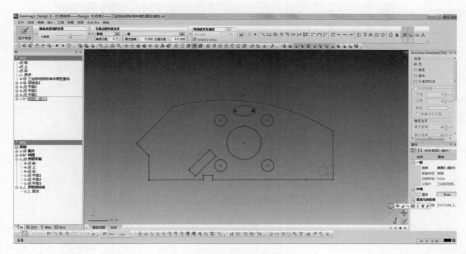

图 2-30

4）单击"长穴"⊙按钮，并在裁剪直线以及调整直线长度时使用"调整"⊡按钮和"剪切"✂按钮将草图绘制完成，如图2-31所示。

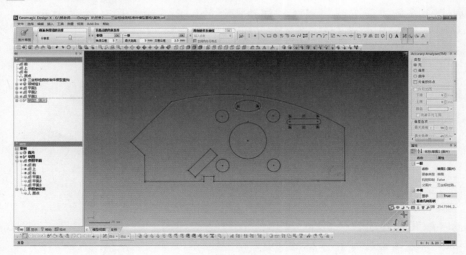

图 2-31

5）退出面片草图，单击左上方的"面片草图"⊙按钮或者单击视图右下方显示区的"确认"✓按钮即可退出"面片草图"命令。

2.4 创建拉伸实体

1）单击菜单栏下"拉伸"⊡按钮，或者选择"插入"→"实体"→"拉伸"，选择草图作为基准草图，设置拉伸长度，如图2-32所示。

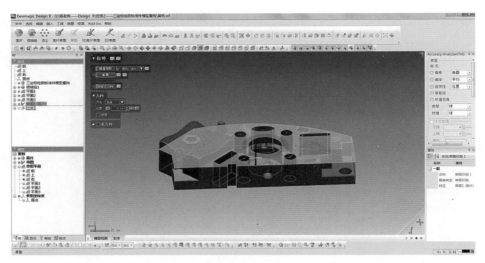

图　2-32

命令详解

　　"拉伸"命令在直线方向上拉伸对象的断面轮廓，然后生成封闭实体。可用草图中的一个轮廓线或多个轮廓线来表示对象的断面轮廓。轮廓线是由草图要素绘制的，如圆、样条曲线或者是直线、圆弧、样条曲线的结合。由草图拉伸方向和长度，最终创建拉伸实体的过程如图 2-33 所示。

图　2-33

　　注意：如果要创建拉伸实体，轮廓线必须是封闭的。选择"曲面"→"拉伸"命令可使用开放的轮廓线来创建拉伸特征。

详细选项

　　1. 选择要素

　　基准草图：选择面片草图中的一个草图作为基准草图。基准草图就是拉伸对象的 2D 断面轮廓线。

　　轮廓线：选择封闭轮廓来拉伸实体，可在一个草图内绘制多个轮廓线，如图 2-34 所示。

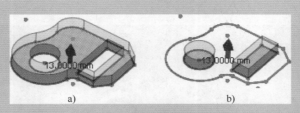

图　2-34

自定义方向：可设置不同于默认方向的拉伸方向，如图2-35b所示。默认的拉伸方向是草图平面的法线方向，如图2-35a所示。

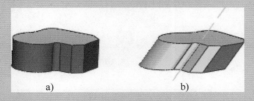

图　2-35

2. 结果运算

存在一个或更多实体时，"结果运算"选项可以使用。"布尔运算"命令可以在后期剪切与合并实体。未剪切合并实体如图2-36所示。

剪切：剪切已创建的拉伸实体和相交部分，如图2-37所示。

合并：合并相交的实体，如图2-38所示。

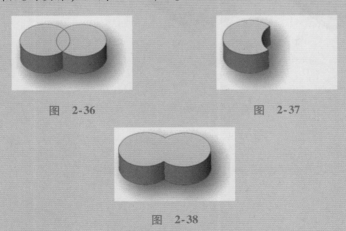

图　2-36　　　　　　　　图　2-37

图　2-38

2）选择"插入"→"建模精灵"→"基础实体"或者单击"几何形状" 按钮，选择"建模精灵"对其进行模型重构，提取的基础实体会显示出来，并且可在"结果"选项下进行删除。单击"OK"按钮确认留下的基础实体，如图2-39所示。同样将剩下的领域组球形状及圆锥形状进行建模即可，将面片隐藏，查看最终提取的基础实体。

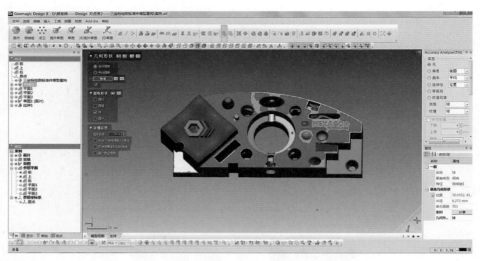

图 2-39

命令详解

　　"基础实体"命令可利用面片快速提取几何形状，可以提取如圆柱、圆锥、球、环形、正方体的基础实体。提取过程如图 2-40 所示。

图 2-40

　　注意：基础实体是根据领域提取的。如果要使用基础实体功能，面片必须要有领域，可使用工具栏中的"领域组"按钮创建领域，如图 2-41 所示。

图 2-41

　　自动提取形状：从选定领域中提取可能的基础形状，可选择圆柱、圆锥、球、环形作为要提取的候选特征。

　　提取指定形状：从选定的领域中提取指定的单一基础形状，如圆柱、圆锥、球、环形、正方体。"预览" 🔍 按钮可以在不完成命令的情况下显示提取的基础形状，如图 2-42 所示。

图　2-42

3）使用"面片草图"按钮，将工件的其他特征建模完成即可，如图2-43所示。

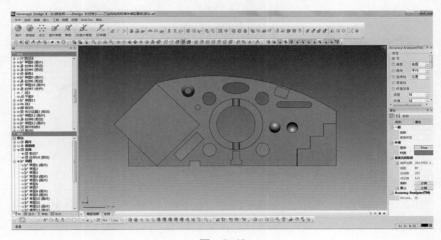

图　2-43

2.5　构造曲面

1. 创建自由曲面

选择"插入"→"曲面"→"面片拟合"或单击工具栏上的图标，进入"面片拟合"命令，选择"领域"以拟合曲面，并将分辨率选项设置为许可偏差，勾选即可，创建出拟合曲面，如图2-44所示。

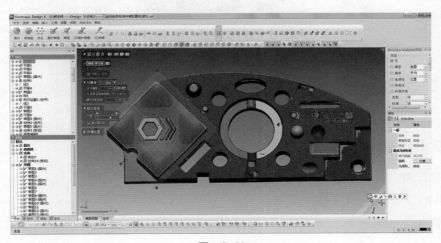

图　2-44

命令详解

"面片拟合"命令根据面片使用拟合运算创建曲面，如图 2-45 所示。在逆向设计过程中，曲面拟合技术是一项独特技术，为利用自由形状面片创建3D自由曲面提供了一种简单、快速的方法。

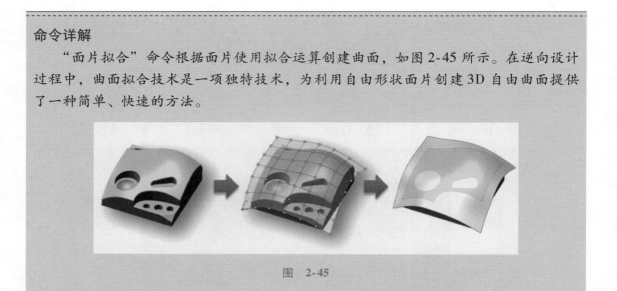

图 2-45

2. 创建规则平面

单击平面的"领域组"，再进入"曲面的几何形状"命令，如图 2-46 所示。最终将所有的曲面创建完成。

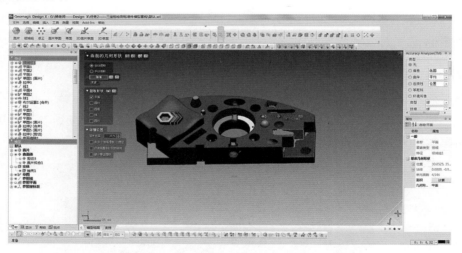

图 2-46

2.6 创建混合实体

1. 布尔运算

将拟合的球与拉伸创建的实体结合成为一个实体，选择"插入"→"实体"→"布尔运算"或者单击"布尔运算" 按钮，"操作方法"选中"合并"即可，如图 2-47 所示。

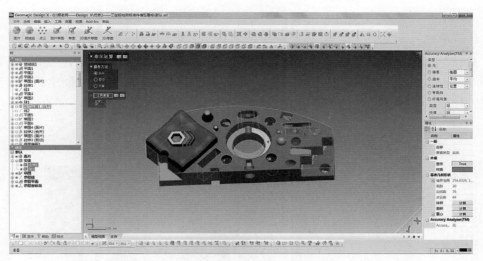

图　2-47

命令详解

　　"布尔运算"命令使用合并、剪切、相交中的一种方式通过合并两个或多个实体来创建一个或多个实体，如图 2-48 所示。

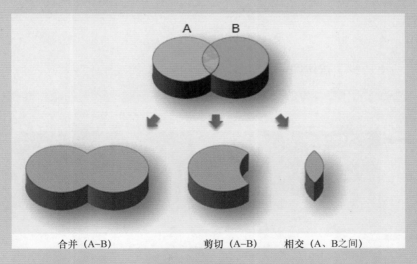

合并（A－B）　　　剪切（A－B）　　　相交（A、B之间）

图　2-48

　　注意：在创建实体的时候，可以使用剪切和合并的方法。如果已经存在实体，使用"拉伸""旋转""扫描""放样"命令创建了新的实体，在命令对话框树的底部会出现"结果运算"选项。

2. 剪切

选择"插入"→"实体"→"剪切"或单击工具栏上的"剪切" 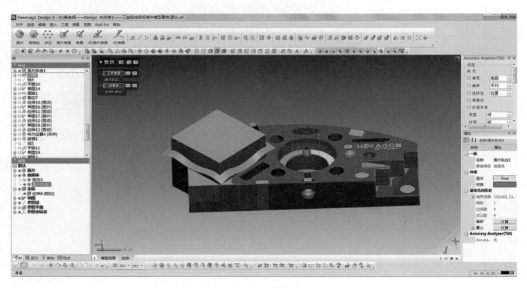 按钮，再单击"工具要素"按钮，选择曲面。单击"目标体"按钮，选择实体。然后单击"下一步"按钮，选择要留下的实体。单击"OK"按钮，完成命令，曲面将会被隐藏。利用创建的曲面剪切实体完成，如图 2-49 所示。

图　2-49

再次单击"下一步"按钮即可，如图 2-50 所示。

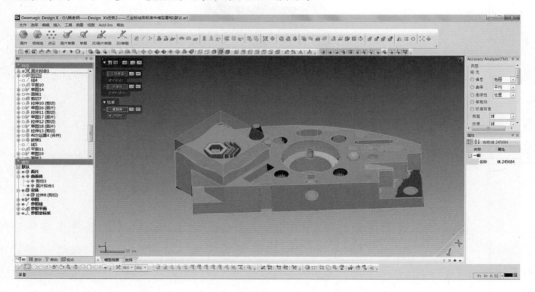

图　2-50

命令详解

　　"剪切"命令通过利用曲面或平面删除材料来创建剪切实体，可手动选择要留下的部分，如图2-51所示。

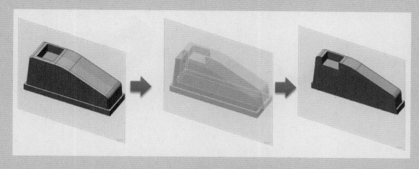

图　2-51

详细选项

　　工具要素：选择要素作为工具要素来剪切实体，可以选择参照平面、领域、草图、草图链、曲线、3D草图、边线和曲面。

　　目标体：选择目标实体，只能选择实体作为目标体。

　　剩下的实体：选择剪切后要留下的实体。

　　3. 抽壳

　　选择"插入"→"实体"→"抽壳"或单击工具栏上的图标，选择要抽壳的实体，再选择要删除的面面。设置"深度"为"1.4mm"，单击"OK"按钮，完成命令，如图2-52所示。

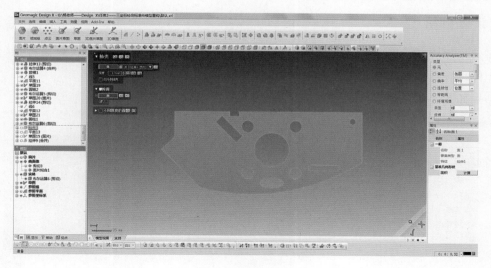

图　2-52

命令详解

　　"抽壳"命令可从实体上删除选定的面，利用剩下的面创建连续厚度的模型，如图 2-53 所示。

图　2-53

详细选项

　　实体：选择抽壳的实体。

　　深度：定义抽壳特征的壁厚。

　　向外抽壳：在实体的外方向上运行抽壳。

　　删除面：选择要删除的面。

　　多个厚度面：使用"追加面" 🞢 按钮，然后设置其深度，可以设置多个厚度面。

单击"删除面" 🗑 按钮，可以删除选择的面。

任务 3　误差分析和文件输出

3.1　误差分析

　　将建模完成后，选中右侧的"偏差"单选按钮即可查看色彩偏差图，将鼠标指针放在工件上即可查看偏差数值，操作命令如图 2-54 所示。

　　结果如图 2-55 所示。

图　2-54　　　　　　　　　　　　　　　　图　2-55

3.2　文件输出

将建模完成后的实体输出 STP 格式或选择客户所需的格式，选择"文件"→"输出"，选择输出要素为视图下的实体，如图 2-56 所示。

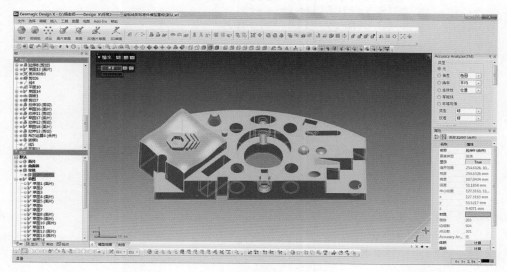

图　2-56

单击"确认"按钮即可，选择所保存的文件路径，如图 2-57 所示。

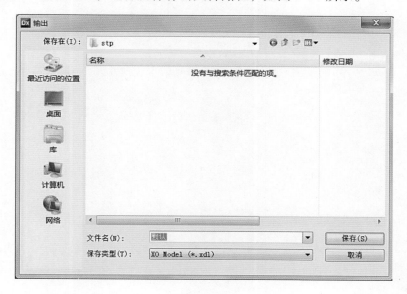

图　2-57

选择文件保存类型，如图 2-58 所示。

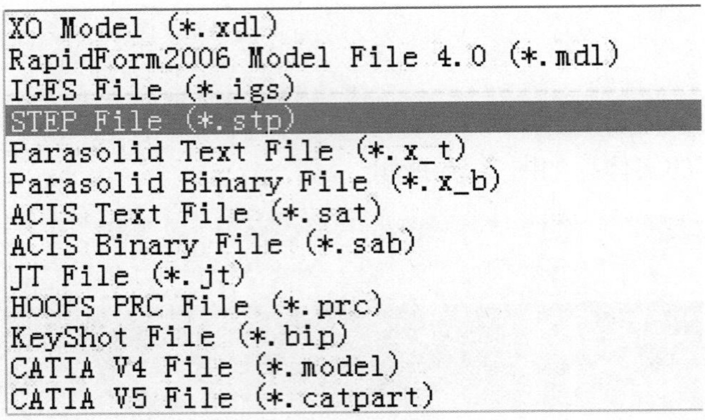

```
XO Model (*.xdl)
RapidForm2006 Model File 4.0 (*.mdl)
IGES File (*.igs)
STEP File (*.stp)
Parasolid Text File (*.x_t)
Parasolid Binary File (*.x_b)
ACIS Text File (*.sat)
ACIS Binary File (*.sab)
JT File (*.jt)
HOOPS PRC File (*.prc)
KeyShot File (*.bip)
CATIA V4 File (*.model)
CATIA V5 File (*.catpart)
```

图　2-58

思考与练习

1）标准件与艺术品模型的处理方式有什么不同？

2）如何更清晰地划分领域组？

3）创建坐标系的方式有哪些？

4）如何控制所建模型与数据之间的符合度？

5）误差分析与艺术类数据分析有什么不同？

项目 3 叶片模型重构

项目引入

客户：哈尔滨飞机制造厂
产品：航空发动机叶片
背景：

哈尔滨飞机制造厂购买的国外价格昂贵的
发动机出现故障，经检查，叶片破损严重、需
要更换。为了节约成本，公司欲将叶片国产
化，可提供原厂叶片一个（图 3-1）以及三维
数据（.stl）。

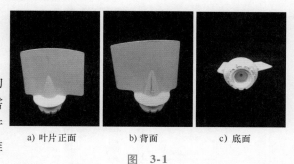

a) 叶片正面   b) 背面   c) 底面

图   3-1

技术要求：曲面光顺，整体精度为 0.05mm。

项目分析

飞机进行能量转换的最重要零件就是叶片，属易损件，该叶片表面由复杂的自由曲面构
成，故采用逆向工程技术，通过三维扫描仪测量叶片的三维数字化数据，依照数据及设计要求
构造叶片的数字模型，最终通过误差分析检测实例模型是否满足要求。其过程如图 3-2 所示。

a) 叶片点云数据   b) 实体模型   c) 误差分析

图   3-2

项目要点

➢ 掌握 Geomagic Design X 中面片草图的基本功能
➢ 掌握 Geomagic Design X 中基于草图构造曲面的基本功能
➢ 掌握 Geomagic Design X 的基于草图构造实体的基本功能
➢ 掌握 Geomagic Design X 中误差分析的基本功能

难度系数

★★★☆☆

任务1 点云数据的处理

1）选择"插入"→"导入"命令，在弹出的对话框中选择要导入的点云数据，如图 3-3 所示。

图   3-3

2）点云导入后的界面，如图 3-4 所示。

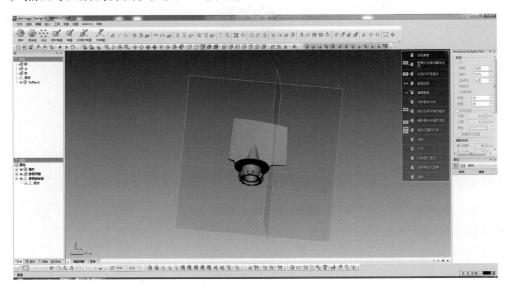

图   3-4

任务2　创建模型特征

2.1　领域组划分

单击"领域组" 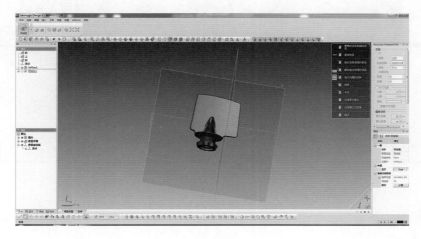按钮，根据模型情况调整敏感度，然后单击"确定"按钮，界面如图3-5所示。

图　3-5

单击右下方"确认"按钮完成领域组的划分。

2.2　创建坐标系

单击底侧工具栏中的"手动对齐" 按钮，"移动实体"选择点云数据，然后单击箭头形状的按钮进行下一步操作。如图3-6所示。

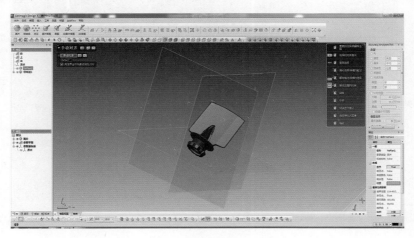

图　3-6

进行到下一步操作时，设置"移动"为"3-2-1"，"平面"选择叶片底座的平面，"线"选择叶片的圆柱体，"对象"为"坐标系"。单击"确认"按钮，如图 3-7 所示。

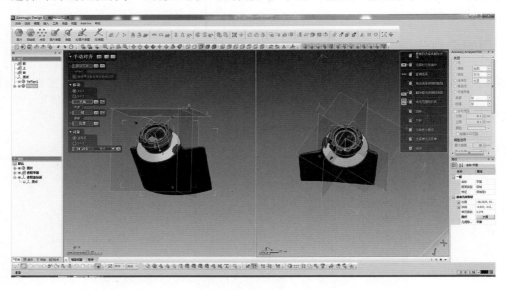

图　3-7

此时坐标系创建成功，单击"确认"按钮退出。

2.3　模型构建

1. 创建旋转体

单击"面片草图" 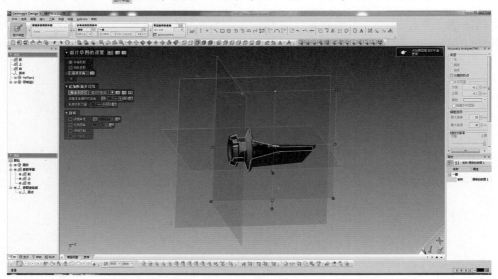 按钮，设置"基准平面"为"右"，如图 3-8 所示。

图　3-8

单击左上角的"确认"按钮进行下一步操作。

构建轮廓。单击"直线" \ 按钮，完成一条直线后单击"确认"按钮，可以继续创建直线。完成一条直线后需单击"确认"按钮才能进行下一条直线，如图 3-9 所示。

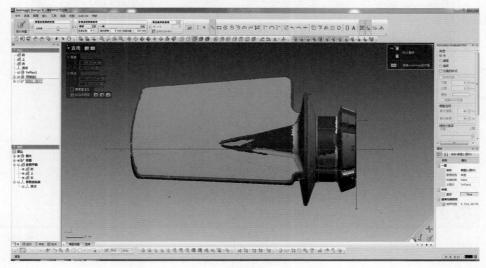

图 3-9

做出所有直线后可对线进行裁剪。单击"剪切" ✂ 按钮，在"剪切"命令中选择"相交剪切"。相交剪切的好处是裁剪后两条直线出现交点，在裁剪时可任意保留两侧的直线，如图 3-10 所示。

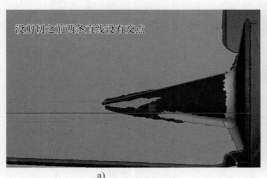

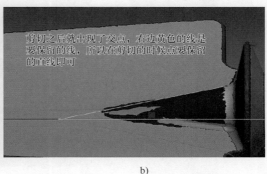

a)   b)

图   3-10

所有直线剪切完成后，可以对直线进行约束（平行约束），单击一条直线，然后按住〈Ctrl〉键，选择要跟它平行的直线，双击（要平行的直线），"约束条件"选择"平行"，如图 3-11 所示。

单击"确认"按钮即可完成，当把所有的直线约束完成，再对直线进行尺寸约束，单击"智能尺寸" ↔ 按钮，约束直线之间的距离，单击要约束尺寸的两条线，这时会出现两条线之间的距离，双击数字可以修改尺寸。完成所有约束，单击右下角"确认"按钮即可，如图 3-12 所示。

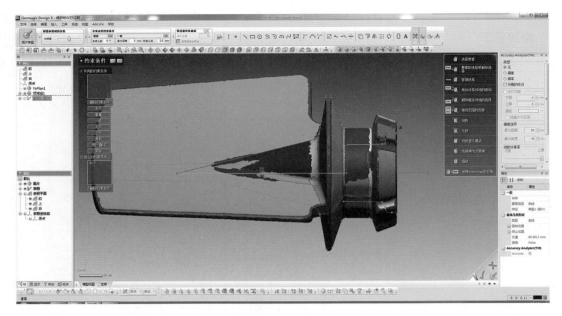

图　3-11

图　3-12

把草图旋转成实体的操作，单击"回转"  按钮，"基准草图"选择"草图1"，"轮廓"选择"草图环路1"，"轴"选择中间的竖线，"方法"选择"单侧方向"，"角度"选择"360°"，如图3-13所示。

单击右下角"确认"按钮完成。

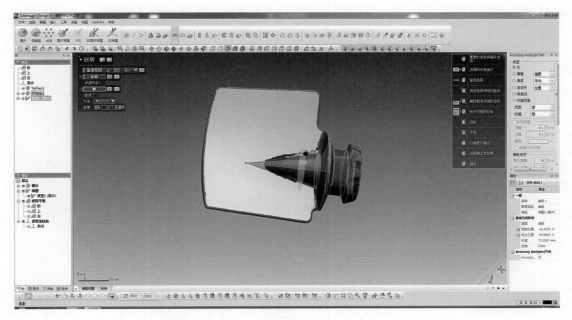

图　3-13

2. 创建片体

根据参照平面偏移出三个基准平面，用鼠标左键单击平面，按住〈Ctrl〉键，按住并拖动鼠标左键上下移动，找到想要偏移到的位置，先松开鼠标左键再松开〈Ctrl〉键，重复操作两次，偏移出三个平面，如图3-14所示。

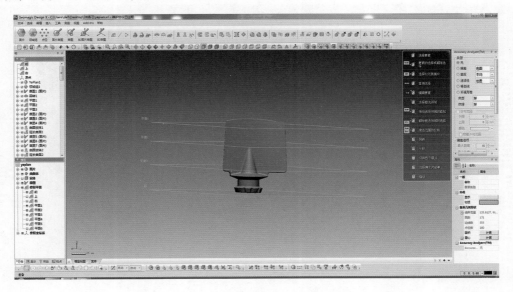

图　3-14

单击"面片草图" 按钮，"基准平面"选择"平面1"，把其余的平面隐藏，在左侧模型树下的"参照平面"中找到其平面，把前面小方框里的"眼睛"关闭就可以隐藏了，如图 3-15 所示。

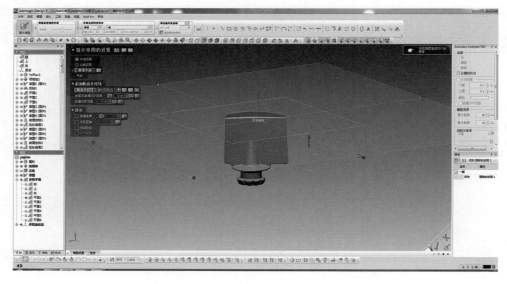

图　3-15

单击左上角的"确认"按钮进入"面片草图"，再单击"样条线" ∿ 按钮，利用"样条线"命令沿着截线把轮廓线勾画出来，画好后单击"确认"按钮完成，如图 3-16 所示。

图　3-16

同样的操作方法，把平面 2 和平面 3 对应的轮廓线勾画出来，如图 3-17 所示。

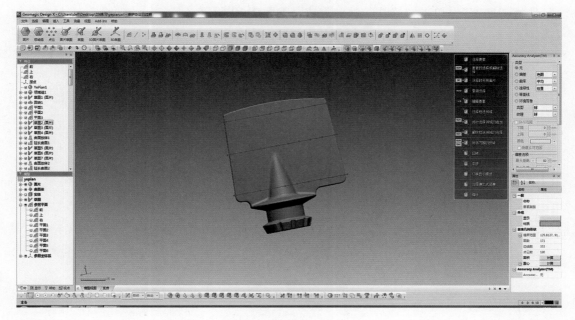

图　3-17

　　单击"曲面放样"　按钮，"轮廓"选择"草图 2""草图 3"和"草图 4"，单击"确认"按钮完成，如图 3-18 所示。

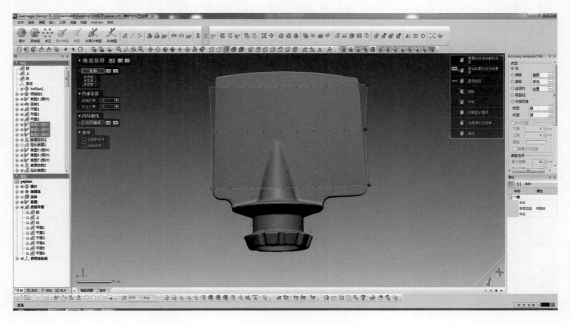

图　3-18

　　单击"延长"　按钮，"边线/面"选择曲面上下两个边线；"终止条件"选择"距离"，将曲面沿着两个边线向外延伸，直至延长后的曲面能完全覆盖叶面原始点云数据；"延伸方法"选择"曲率"。单击"确认"按钮完成，如图 3-19 所示。

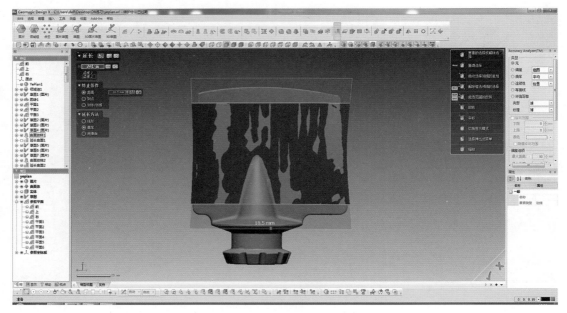

图　3-19

利用同样的操作方法把背面的曲面也画出来，如图 3-20 所示。

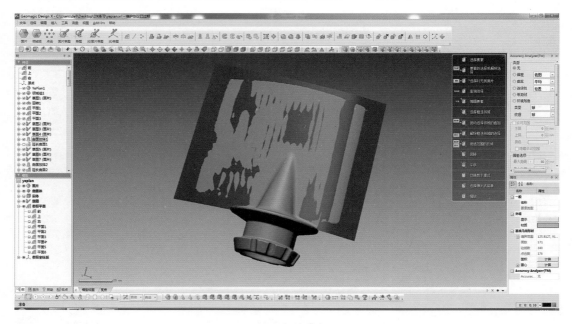

图　3-20

把放样曲面 1 和放样曲面 2 都隐藏，然后再勾画出叶片的外轮廓。

单击"面片草图" 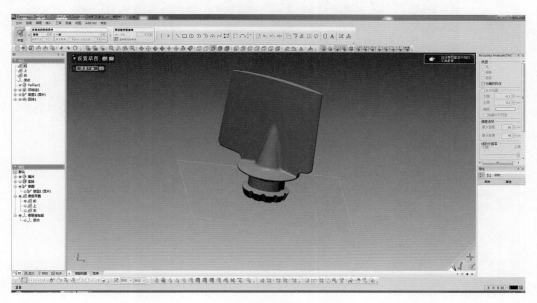 按钮,"基准平面"选择前进入到"草图"界面,单击"直线" ╲ 按钮,创建一条直线,用这条直线拉伸成一个面,把这个面到基准平面来用,如图 3-21 和图 3-22 所示。

图   3-21

图   3-22

单击"确认"按钮即可。

单击"曲面拉伸"  按钮,"基准草图"选择"草图 8"(新创建的直线),拉伸到适合

的距离，单击"确认"按钮即可，如图 3-23 所示。

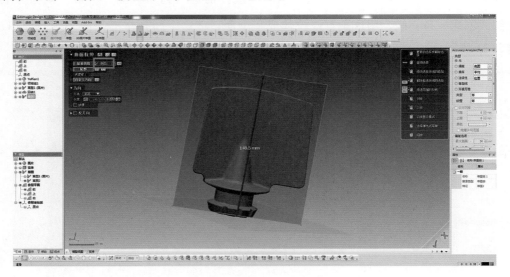

图　3-23

单击"草图"按钮，"基准平面"选择"曲面拉伸 1"（上一步操作创建的曲面），进入草图，如图 3-24 所示。

图　3-24

把曲面拉伸 1 隐藏，再勾画出叶片的外轮廓。在左侧模型树下找到"曲面拉伸 1"，把"曲面拉伸 1"前面小方框的眼睛关闭就可以隐藏了。

单击"直线"按钮，利用"直线"命令把两侧外轮廓勾画出来。单击"三点圆弧"按钮，利用"三点圆弧"命令把有弧度的轮廓勾画出来。把这些轮廓线调整好，尽量贴合点云数据，调整好后，利用"剪切"命令把多余的先剪掉，单击"确认"按钮完成，如图3-25所示。

图　3-25

单击"曲面拉伸"按钮，"基准草图"选择"草图2"，拉伸大于叶片的厚度即可。若两个方向都想拉伸，单击反方向即可，拉到合适的位置。单击"确认"按钮完成，如图3-26所示。

图　3-26

把旋转体做出来，偏移圆柱的曲面。单击"曲面偏移"按钮，"面"选择大的圆柱面，"偏移距离"设为"0"，单击"确认"按钮完成，如图3-27所示。

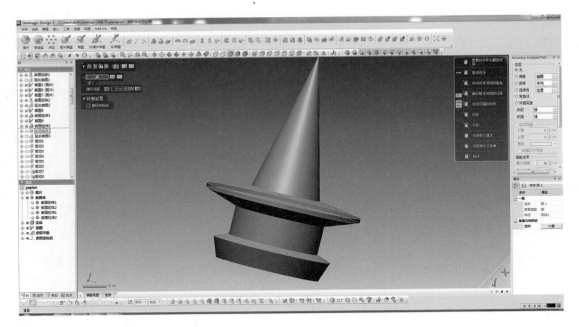

图　3-27

　　单击"延长曲面"　按钮，"边线/面"选择"曲面偏移 1"，"终止条件"选中"距离"，"延伸方法"选中"曲率"，单击"确认"按钮完成，如图 3-28 所示。

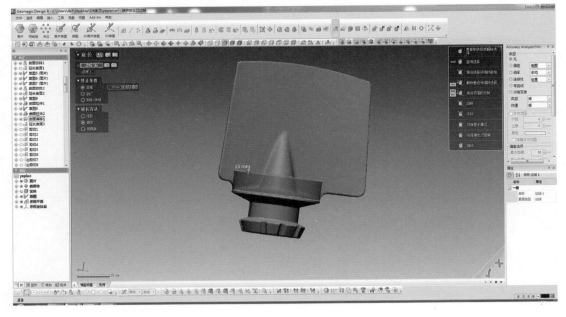

图　3-28

　　把所有的曲面显示出来，然后进行剪切。单击"剪切"　按钮，"工具要素"相当于一把剪刀，"对象"相当于被剪刀剪掉的部分。现在要把外轮廓面剪掉，"对象"就选择外轮廓面,"工具要素"可以选择"曲面放样1"和"曲面放样2",选好之后单击左上方的箭头按钮进行下一步操作,如图3-29所示。

图　3-29

"残留体"就是要保留的部分,如图3-30所示。

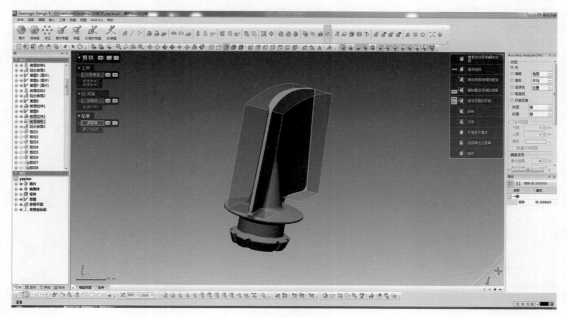

图　3-30

单击"确认"按钮完成,如图3-31所示。
用同样的方法把其他面都剪切完成。

图　3-31

当遇到想保留两部分的曲面时，用鼠标左键单击想要保留的部分。如图 3-32 所示，剪切圆柱面，保留两侧的曲面。

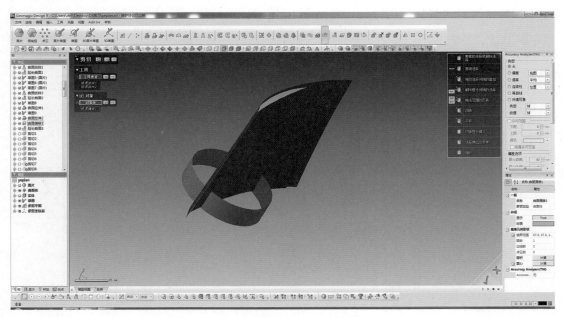

图　3-32

用鼠标左键单击要保留的部分，如图 3-33 所示。

单击"缝合" 按钮，选择要缝合的曲面，先把"曲面放样 1"和"曲面放样 2"隐藏，缝合之后再剪掉"曲面放样 1"和"曲面放样 2"，如图 3-34 所示。

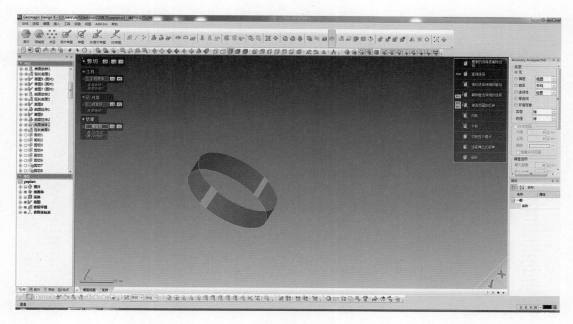

图　3-33

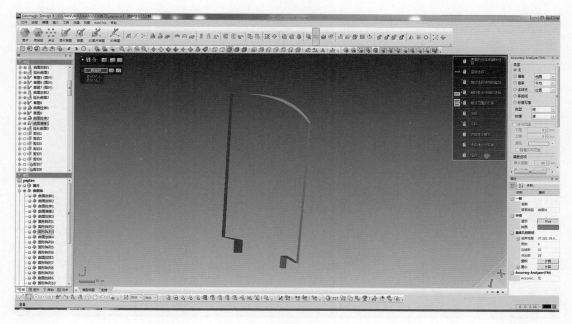

图　3-34

单击左上角的箭头按钮进行下一步的操作，如图 3-35 所示。

单击"确认"按钮完成。

再使用"剪切"按钮，把"曲面放样 1"和"曲面放样 2"剪掉，如图 3-36 所示。

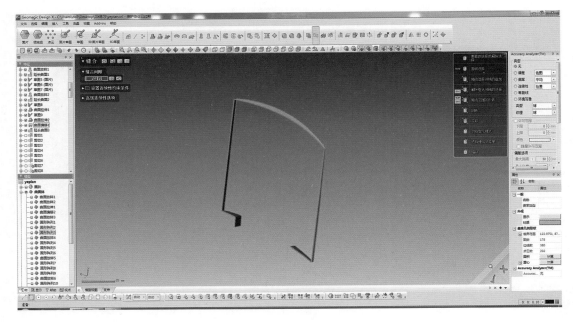

图　3-35

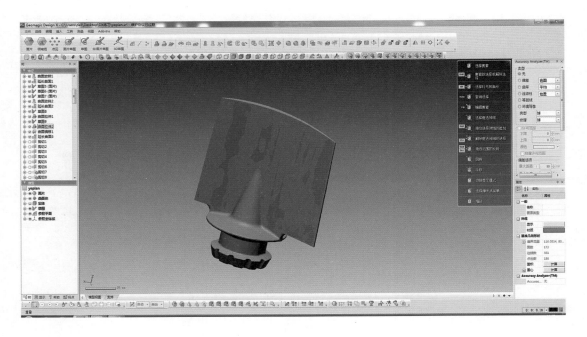

图　3-36

　　把旋转体显示出来，偏移旋转的一个曲面。单击"曲面偏移"按钮，偏移曲面如图 3-37 所示，"偏移距离"设为"0"，单击"确认"按钮完成。

　　再使用"剪切"按钮将偏移的曲面剪掉，只留中间的小曲面，如图 3-38 所示。

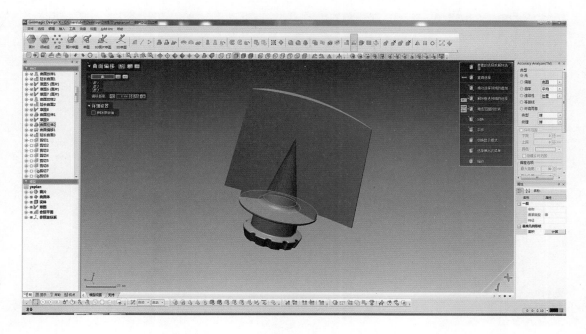

图 3-37

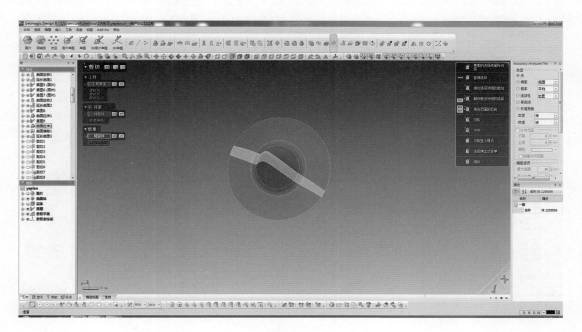

图 3-38

用同样的操作方法剪切外轮廓多余的面,如图 3-39 所示。

将所有剪切好的面进行缝合。单击"缝合" 按钮,"曲面体"选择所有剪切好的曲面,单击"确认"按钮完成,如图 3-40 所示。

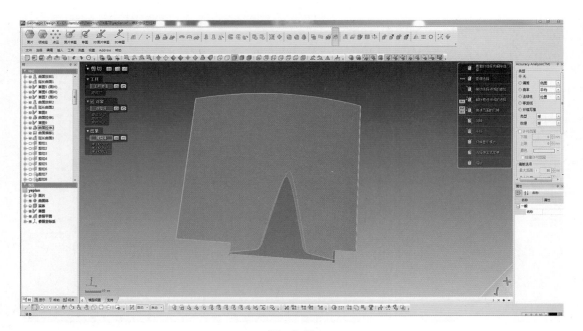

图　3-39

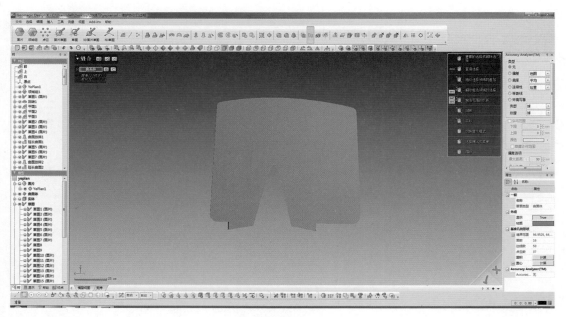

图　3-40

再利用"布尔运算" 按钮，把旋转体和叶面体进行合并，"操作方法"选中"合并"，"工具要素"选择两个实体，单击"确认"按钮即可完成，如图 3-41 所示。

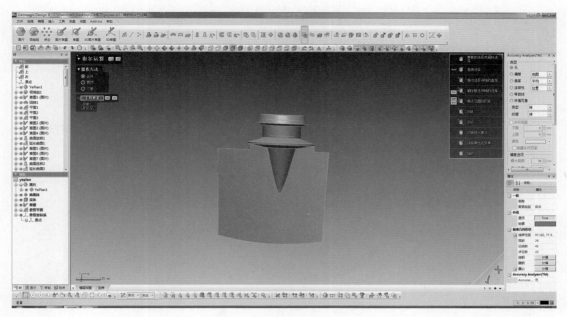

图 3-41

3. 槽的创建

偏移平面,单击"前"平面,按住〈Ctrl〉键并拖动鼠标左键偏移两个平面,如图 3- 42 所示。

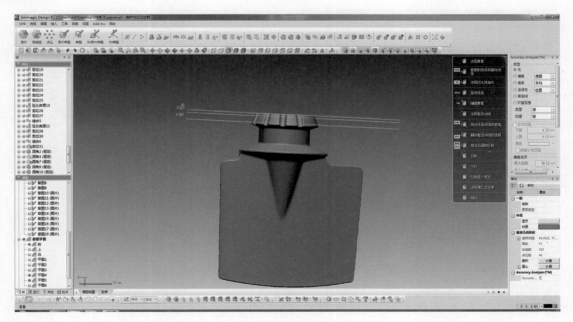

图 3-42

单击"面片草图"按钮,沿着截线画出槽的轮廓线,单击"确认"按钮完成,如图 3-43 所示。

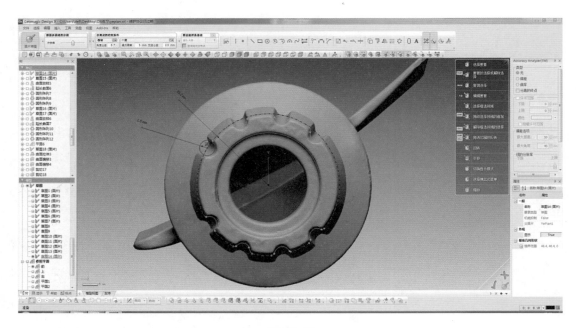

图　3-43

用同样的操作方法，单击其他的偏移平面进入"面片草图"命令，画出轮廓线，如图 3-44 所示。

图　3-44

使用"放样"按钮把两个轮廓线都选中，拉伸出曲面体，再用"延长曲面"按钮把曲面体延长，如图 3-45 所示。

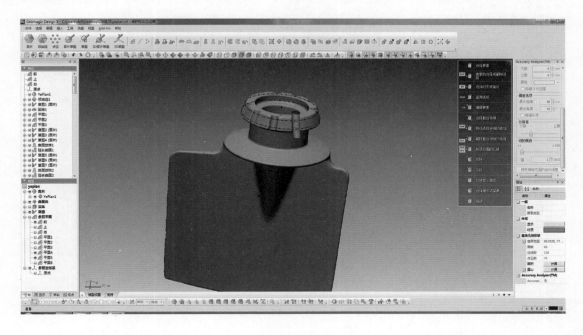

图 3-45

利用"圆形阵列" 按钮，把剩下三个曲面体阵列出来，如图 3-46 所示。

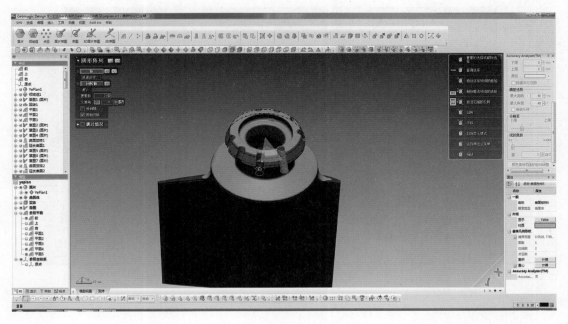

图 3-46

重复操体，把剩余两个曲面体阵列出来，如图 3-47 所示。

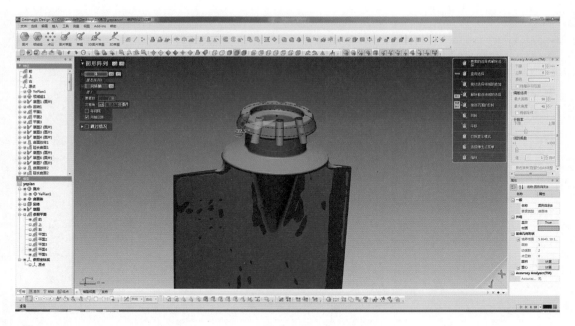

图　3-47

　　用同样的操作方法把另一侧勾画出来，如图 3-48 所示。

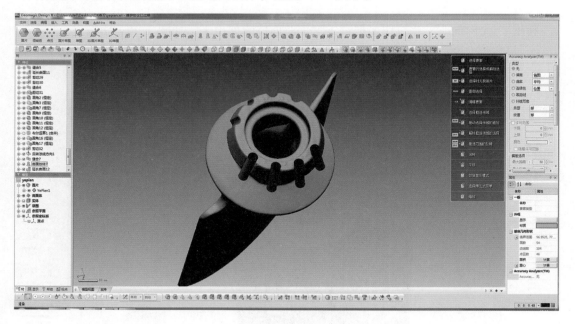

图　3-48

　　把曲面和实体都显示出来，利用"剪切"　按钮，把槽剪掉，"工具要素"选择八个曲面体，"对象体"选择叶片实体，如图 3-49 所示。

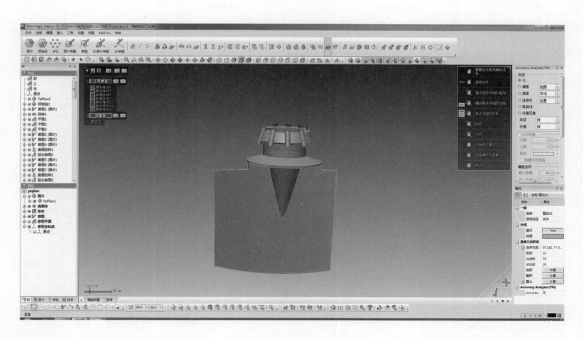

图 3-49

单击左上角的箭头按钮进行下一步操作，单击选择要保留的实体部分，然后单击"确认"按钮完成，如图 3-50 所示。

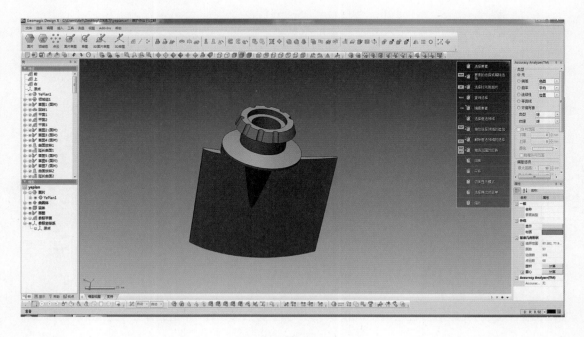

图 3-50

再利用"前"平面偏移一个平面，如图 3-51 所示。

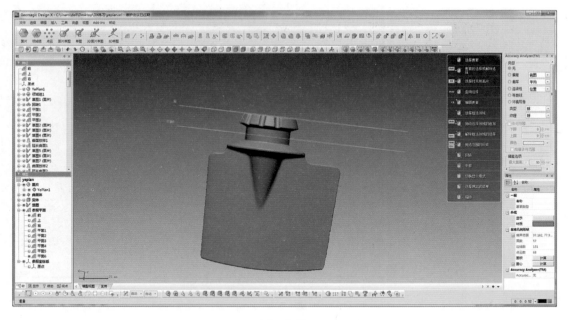

图　3-51

单击"面片草图"  按钮，画出轮廓线，如图 3-52 所示。

图　3-52

再单击"曲面拉伸"按钮，拉伸出两个曲面，如图3-53所示。

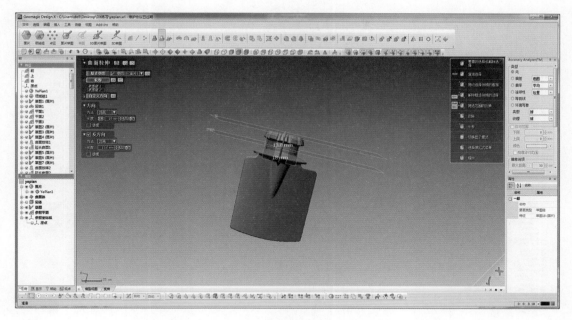

图 3-53

单击"曲面偏移" 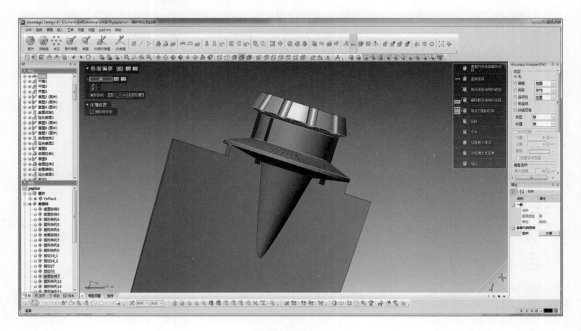 按钮，偏移出三个曲面，"偏移距离"都设为"0mm"。把实体模型显示出来，单击要偏移的曲面，如图3-54所示。

图 3-54

单击"延长曲面"按钮，把边缘延长，如图 3-55 所示。

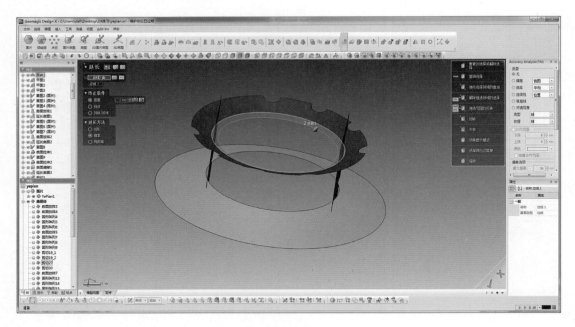

图　3-55

同样的，把下边的边缘也延长，再用"剪切"按钮把多余的曲面都剪掉，剪成的效果如图 3-56 所示。

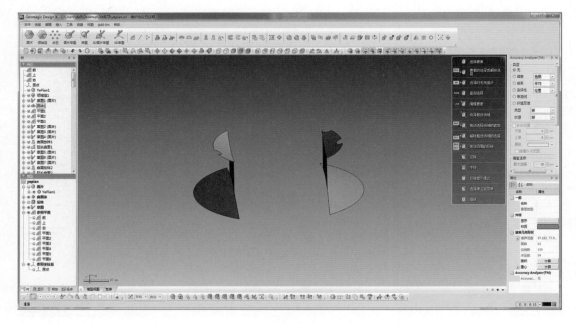

图　3-56

单击"缝合"　按钮，把曲面缝合成两个独立的曲面体，如图 3-57 所示。

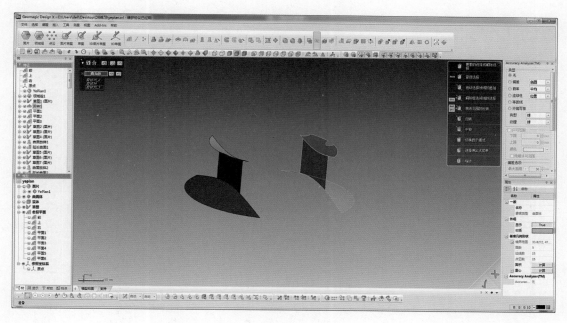

图　3-57

把实体显示出来,利用"剪切"　按钮,把多余的实体剪掉,单击"确认"按钮完成,如图 3-58 所示。

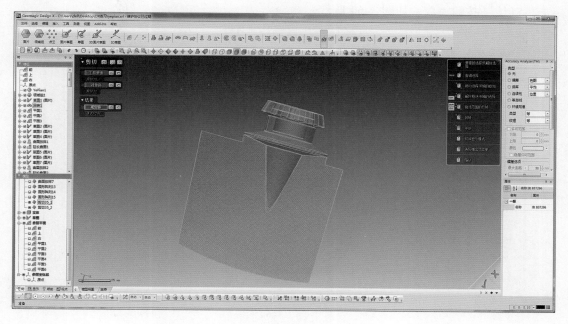

图　3-58

剪切完成的效果如图 3-59 所示。

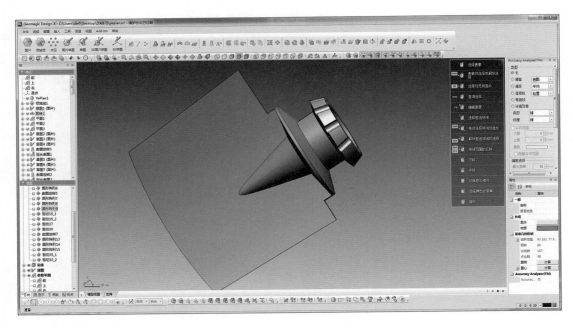

图　3-59

4. 创建倒圆角

单击"圆角" 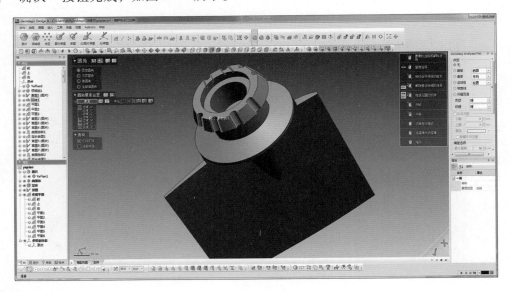 按钮，选中"固定倒角"，"要素"选择边线，"半径"改为"1mm"，单击"确认"按钮完成，如图 3-60 所示。

图　3-60

用同样的操作方式，把所有的圆角都倒完。最终完成效果如图 3-61 所示。

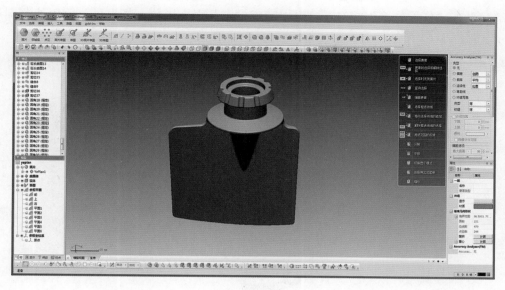

图　3-61

任务3　误差分析和文件输出

3.1　误差分析

在"Accuracy Analyzer（TM）"面板的"类型"选项组中选中"偏差"单选按钮，显示出曲面与原始数据之间的偏差，如图 3-62 所示。

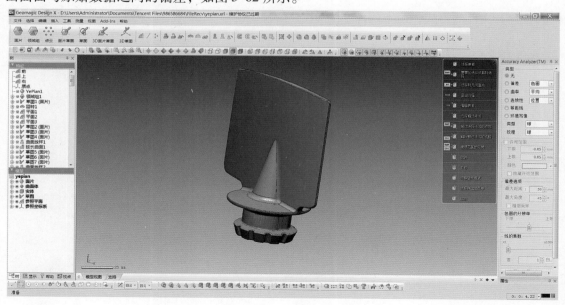

图　3-62

解除下方"许可公差"的勾选，根据需求设定其上下限值，将许可公差内的范围用绿色显示，如图 3-63 所示。

图 3-63

将鼠标指针放在绿色区域上即可看到面与三角面片的偏差值。

3.2 文件输出

在菜单栏中，选择"文件"→"输出"→"选择工件"，单击"确认"按钮，选择文件的位置及文件的格式，此案例保存为 STP 格式。

思考与练习

1）对于需要逆向建模的数据处理方式与艺术类数据处理方式有什么不同？

2）如何更好地划分适合建模的领域组？

3）如何建立适合建模的坐标系？

4）如何使大曲面与其他实体更好地结合？

5）误差分析时着重观察哪些特征？

项目 4 遥控器模型重构

项目引入

客户：2014 北京市赛赛题、2015 年天津市赛赛题

产品：电视遥控器

背景：

模具在大批量生产后期，难免造成局部损坏，并且模具根据图样制作后并手工修改过，与原图样差异甚大，因此只能根据现有的产品（图 4-1），使用逆向工程的方法，反推出模具的生产图样，再修复模具的损坏部分。

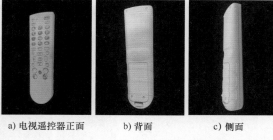

a) 电视遥控器正面　　　b) 背面　　　c) 侧面

图　4-1

技术：大面造型曲面精度为 0.08mm，局部细节特征以产品实际尺寸为准，合理修复变形位置。

项目分析

经分析，遥控器应按对称方式进行建模，并且合理修正局部变形的位置，细节特征部分以产品实际尺寸进行规整。本项目案例重点介绍如何快速对齐坐标系（针对此类产品）和灵活应用"放样""拉伸""倒角"等命令快速将主体完成，在主体的基础上巧妙完成细节特征，完善整体图形。其过程如图 4-2 所示。

a) 原始数据　　　b) 实体　　　c) 误差分析

图　4-2

项目要点

- ➢ 掌握自动分割点云领域的方法
- ➢ 掌握对称类工件对齐坐标的要求与方法
- ➢ 掌握创建主体的方法与命令
- ➢ 掌握细节特征的创建方法与命令

难度系数

★★★☆☆

任务 1　点云数据的处理

1.1　点云导入

准备好点云数据，格式可为 STL、OBJ 等，将点云文件直接导入软件中，如图 4-3 所示。

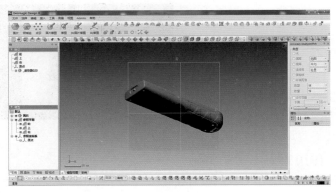

图　4-3

1.2　三角网格面片修补

单击左侧"模型树"下的三角面片，双击进入"面片"模块，对三角面片进行修补，单击使用"面片的优化"命令，对整体的面片优化，如图 4-4 所示。

1.3　数据保存

选择"文件"→"保存"命令，如图 4-5 所示。可单独输出文件，选择所需的文件输出即可，如图 4-6 和图 4-7 所示。

图　4-4

图　4-5

图　4-6

```
Binary STL File (*.stl)
Ascii STL File (*.stl)
XO Model (*.xdl)
RapidForm2006 Model File 4.0 (*.mdl)
Geomagic Points File (*.pts)
Geomagic Polygons File (*.fcs)
Ascii Points File (*.asc)
CyberWare Binary File (*.ply)
CyberWare Ascii File (*.ply)
OBJ File (*.obj)
3D Studio File (*.3ds)
VRML 1.0 File (*.wrl)
VRML 97 File (*.wrl)
INUS Compression File (*.icf)
Kubit File (*.ptc)
Leica File (*.pts)
KeyShot File (*.bip)
AutoCAD DXF File (*.dxf)
```

图 4-7

任务 2　创建模型特征

2.1　领域组划分

1. 自动分割

单击"领域组" 按钮，自动弹出"自动分割" 按钮，"敏感度"设置为"10"，"面片的粗糙度"设置为中间位置，最后单击"确认"按钮即可，如图 4-8 所示。

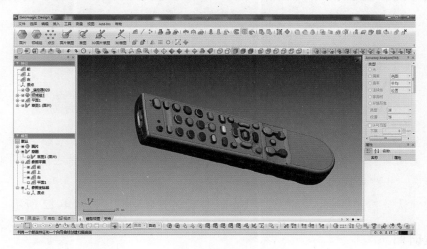

图 4-8

2. 分离

对划分的区域进行自定义划分，使用"分离" 按钮，单击左下角的"画笔选择模式" 按钮，对所不满意的领域组进行划分即可，如图 4-9 所示。

注意：调节画笔圆形的大小可按住〈Alt〉键并拖动鼠标左键即可调整圆形大小。

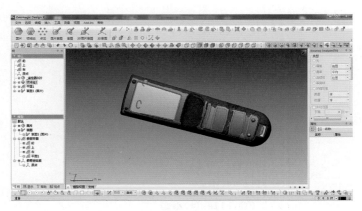

图　4-9

2.2　对齐坐标系

建立参照项。单击"平面" 按钮，选择顶面领域创建平面1，作为 XY 平面1，是参照项之一。然后利用平面1，使用"面片草图"命令做出草图1，作为 Y 轴方向，如图4-10 所示。

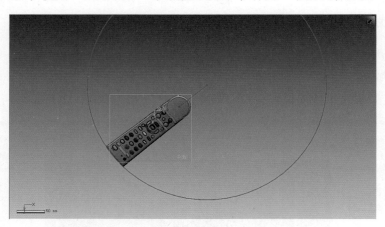

图　4-10

单击"手动对齐" 按钮，再单击"下一步"按钮即可，选择之前做的平面 1 与草图 1 中的直线，如图 4-11 所示。

单击"确认"按钮即可，再单击主视图，查看对齐后结果，如图 4-12 所示。

2.3　构造曲面

1. 创建自由曲面

单击"面片拟合" 按钮，进入"面片拟合"命令，再单击所需的领域组，单击"确认"按钮即可，将遥控器上下两个曲面创建，然后单击"面片草图" 按钮将主体轮廓曲面创建，如图 4-13 所示。

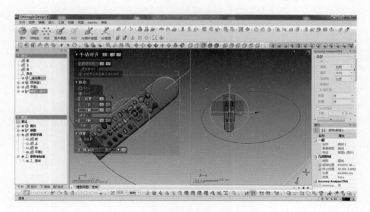

图　4-11

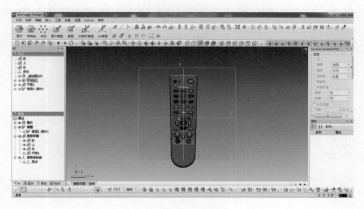

图　4-12

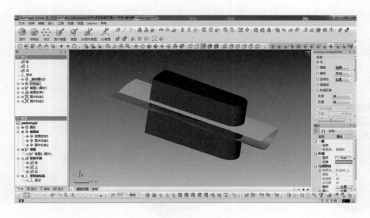

图　4-13

2. 修剪曲面创建主体

依次选择"插入"→"曲面"→"剪切 & 合并"，然后选择构建的六个曲面，单击"确认"
按钮，如图 4-14 所示。

最终将主体曲面创建完成，封闭曲面自动生成为实体，如图 4-15 所示。

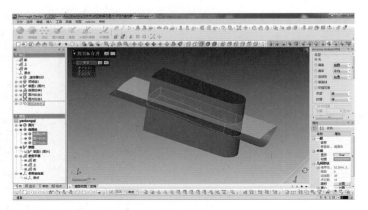

图　4-14

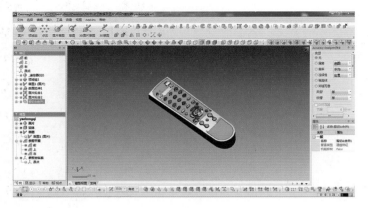

图　4-15

命令详解

　　"剪切 & 合并"命令用于保留相交面之间的公共区域来创建实体，过程如图 4-16 所示。

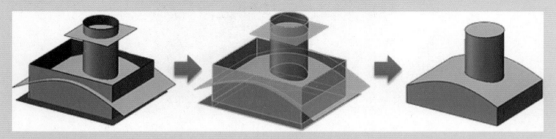

图　4-16

　　"剪切 & 合并"命令应用于利用相交的面创建特征。下面介绍如何剪切相交面并保留公共区域。

1）准备一组相交且闭合的面，如图 4-17 所示。

2）选择"插入"→"曲面"→"剪切 & 合并"或单击工具栏上的相应图标。

3）选择所有的面作为要素，如图 4-18 所示。

4）单击"确认"按钮，完成命令，如图 4-19 所示。

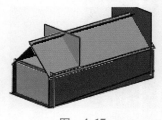 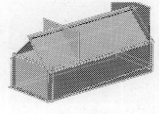 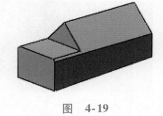

图 4-17　　　　　　　　　　图 4-18　　　　　　　　　　图 4-19

2.4　倒圆角

1. 可变圆角

单击"圆角"  按钮，选中"可变圆角"功能完成遥控器底面圆角，如图 4-20 所示。

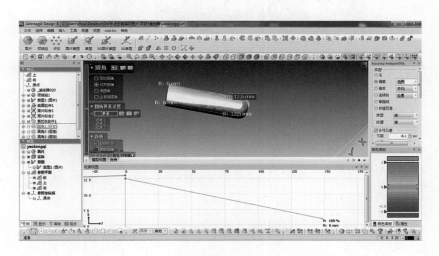

图 4-20

2. 简单圆角

单击"圆角"按钮，把遥控器顶面边线倒出圆角，如图 4-21 所示。

3. 顶面简单圆角

单击"圆角"按钮，把遥控器顶面倒出圆角，如图 4-22 所示。

2.5　曲面修剪实体

1. 构建修剪曲面

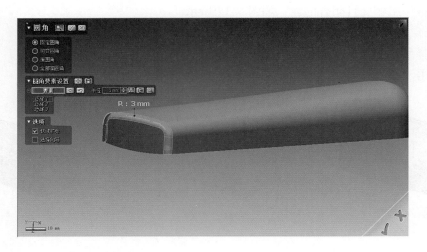

图　4-21

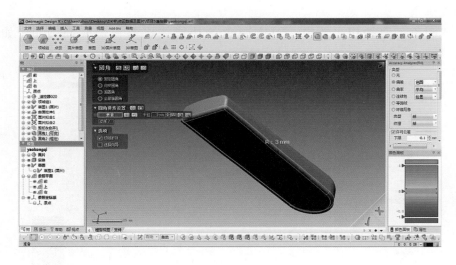

图　4-22

使用"面片拟合" 功能将凹进去的曲面做出面片拟合3，如图4-23所示。

2. 修剪实体

单击"剪切" 按钮，使用面片拟合3曲面修剪做出来的主体，如图4-24所示。

3. 简单圆角

使用"圆角"功能将此区域进行倒角，如图4-25所示。

注意：使用同样的方法将遥控器前面的凹槽也剪切出来，如图4-26所示。

4. 拉伸精灵

单击"拉伸精灵" 按钮，分别选择"侧面"与"底面"区域，方向选择"上"平面，选择"剪切实体"选项，通过。将顶部凹槽做出。如图4-27所示。

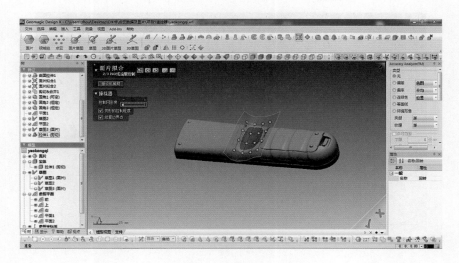

图　4-23

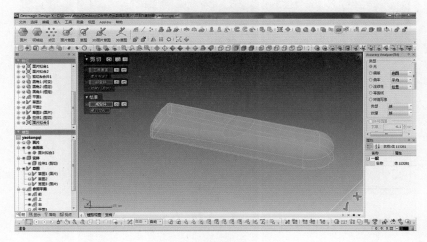

图　4-24

剪切效果如图4-28所示。

注意：使用同样的方法将遥控器电池部分的卡扣做出，如图4-29所示。

2.6　创建混合实体

1）草图绘制。选择"平面前"，单击"面片草图"按钮，选择"由基准面偏移的距离"截取遥控器按钮的所有外轮廓，单击"确认"按钮即可，如图4-30所示。

2）使用草图命令中的"圆""椭圆""长穴"，将所有按钮的外轮廓画出来，如图4-31所示。

3）创建拉伸实体。进入"拉伸"命令，设置拉伸距离为"20mm"，再单击"确认"按钮即可完成建模，如图4-32所示。

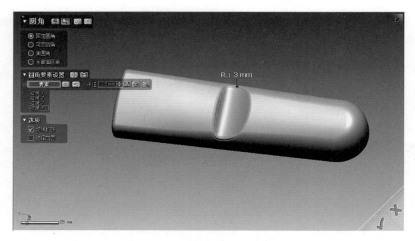

图　4-25

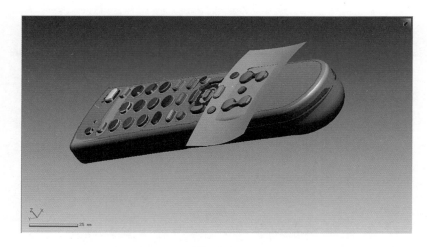

图　4-26

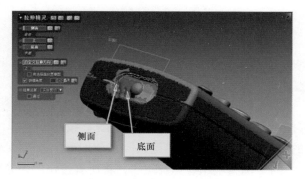

图　4-27

4）选择"曲面偏移"命令，将上面向上偏移 2mm 得到"曲面偏移 2"，用于剪切拉伸的按钮实体，如图 4-33 所示。

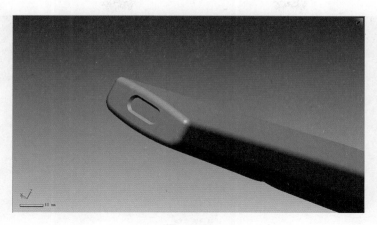

图　4-28

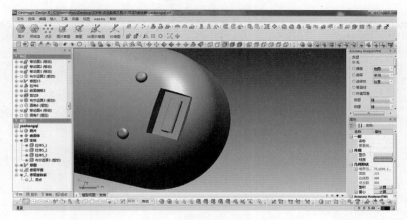

图　4-29

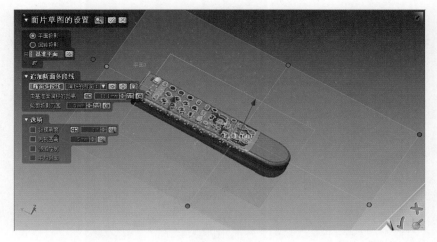

图　4-30

　　5）使用"剪切"命令，将"曲面偏移 2"的拉伸实体修剪，保留下面，单击"确认"
按钮即可完成，如图 4-34 所示。

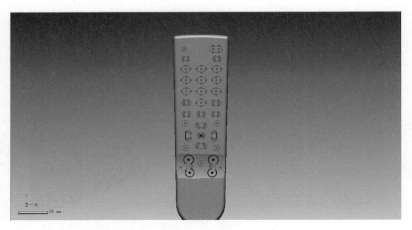

图 4-31

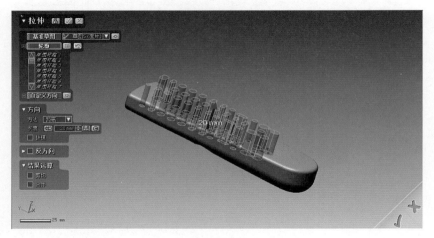

图 4-32

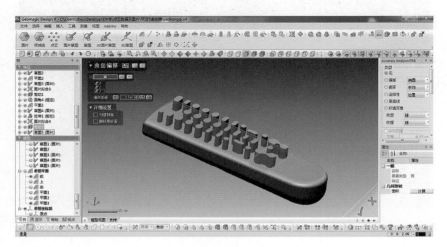

图 4-33

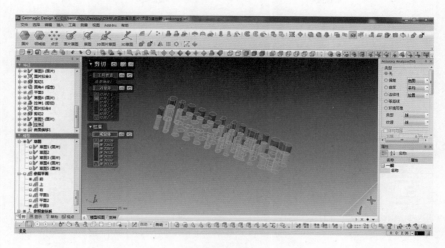

图 4-34

注意：使用同样的方法将遥控器背后四个小圆柱做出来，如图 4-35 所示。

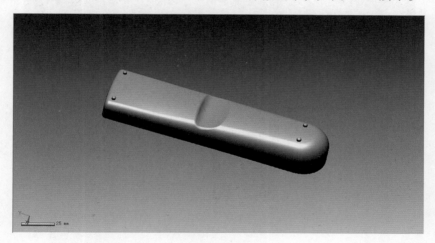

图 4-35

6）布尔运算。单击"布尔运算" 按钮，"操作方法"选中"合并"，选择拉伸的实体和主体并将其合并，单击"确认"按钮即可完成模型，如图 4-36 所示。

7）局部实体的修改。下面将局部微小特征进行修改，下面进行如图 4-37 所示的区域特征的建立。

单击"参照平面" 按钮，"要素"选择"前"，参照平面的"方法"选择"偏移"，"距离"设置为 22mm 附近，偏移距离超出遥控器最低端即可，建立一个"参照平面 4"，如图 4-38 所示。

单击"草图" 按钮，"平面"选择"平面 4"，绘制草图，如图 4-39 所示，单击"确认"按钮确定。

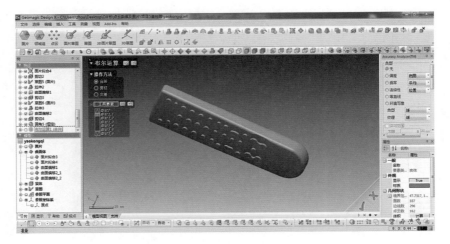

图　4-36

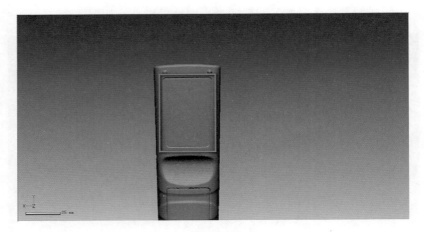

图　4-37

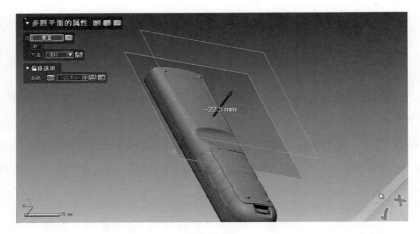

图　4-38

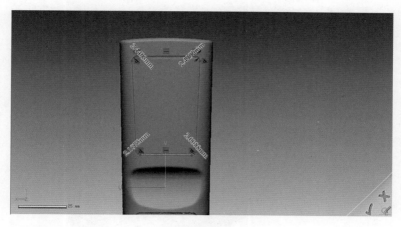

图　4-39

单击"曲面偏移" 🔲 按钮，选择此区域实体上的曲面，向下偏移 0.5mm，单击"确认"按钮确定退出草图模块，如图 4-40 所示。

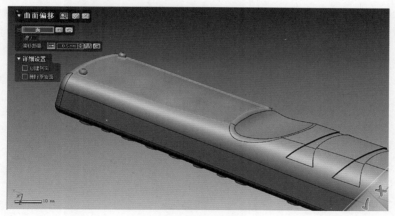

图　4-40

单击"实体拉伸" 🔲 按钮，"方法"选择"到曲面"，选择上述偏移的曲面，同时勾选"剪切"复选框，如图 4-41 所示。

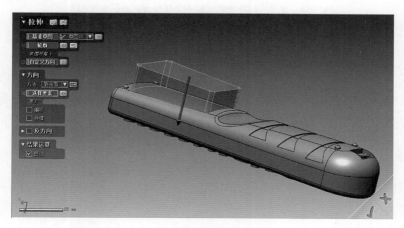

图　4-41

单击"圆角" 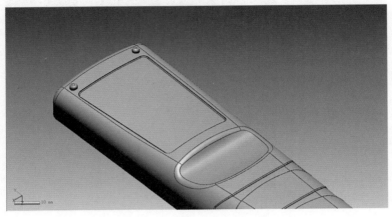按钮，将此特征倒圆角，半径为 0.5mm，如图 4-42 所示。

图   4-42

注意：使用上述操作方法将如图 4-43 所示框选区域的特征建立。

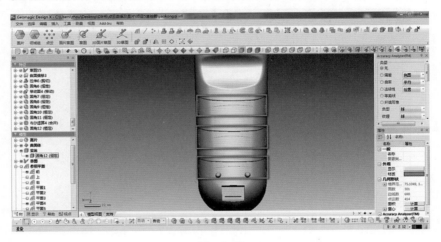

图   4-43

任务 3   误差分析和文件输出

3.1   误差分析

建模完成后，选中右侧的"偏差"单选按钮即可查看色彩偏差图，将鼠标指针放在工件上即可查看到偏差数值，操作命令如图 4-44 所示。效果如图 4-45 所示。

3.2   文件输出

将建模完成后的实体输出为 STP 格式或选择客户所需的格式，选择"文件"→"输出"，选择输出要素为视图下的实体，如图 4-46 所示。

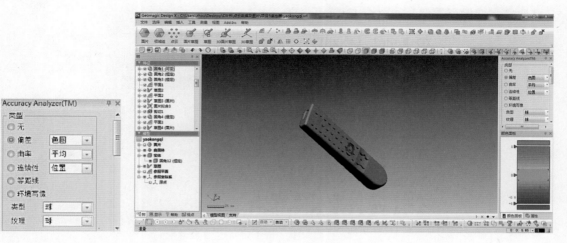

图　4-44　　　　　　　　　　　　　　图　4-45

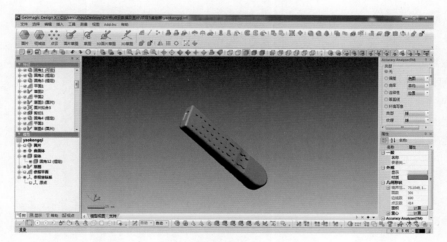

图　4-46

单击"确认"按钮即可，选择所保存的文件路径，如图 4-47 所示。

图　4-47

选择文件保存类型，如图 4-48 所示。

```
XO Model (*.xdl)
RapidForm2006 Model File 4.0 (*.mdl)
IGES File (*.igs)
STEP File (*.stp)
Parasolid Text File (*.x_t)
Parasolid Binary File (*.x_b)
ACIS Text File (*.sat)
ACIS Binary File (*.sab)
JT File (*.jt)
HOOPS PRC File (*.prc)
KeyShot File (*.bip)
CATIA V4 File (*.model)
CATIA V5 File (*.catpart)
```

图　4-48

思考与练习

1）领域划分时，自动划分与手动划分的区别是什么？

2）如何过渡领域中的细小特征？

3）如何快速进行面与面之间的修剪？

4）在构建模型时，相同的类型特征是否需要统一？

5）产品模型外表面是否需要倒角？

项目 5 电话听筒模型重构

项目引入

客户：北京三维天下科技股份有限公司

产品：电话听筒

背景：

该电话听筒模具已过生产寿命期，并且原始图档已经丢失。由于此产品（图 5-1）在市场上比较畅销，因此需要使用逆向工程手段进行制作三维图，再次制作模具生产产品。

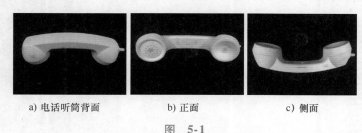

a) 电话听筒背面　　　　b) 正面　　　　c) 侧面

图 5-1

技术：建模精度为 0.08mm，特征线明确，曲面与面面之间光顺过渡，符合生产要求。

项目分析

分析得到，电话听筒应按对称的方式建模，并且按模具生产的方向规定坐标系。本项目重点学习如何手动划分领域组，使用曲片拟合曲面快速构造曲面，使用曲面放样等功能光顺过渡曲面之间连接，将产品区域性完成，最后形成一个完整的三维模型图。其过程如图 5-2 所示。

a) 电话听筒数据　　b) 实体　　c) 误差分析

图 5-2

项目要点

➤ 掌握如何手动进行划分领域

➤ 掌握模型对齐坐标的方法与要点

➤ 掌握自由曲面的构建和面与面之间的过渡方法

➤ 掌握模型领域的过渡方法

难度系数

★ ★ ★ ☆ ☆

任务 1 点云数据的处理

1.1 点云导入

在菜单中选择"插入"→"导入",找到存放文件的路径,依次选择文件类型和需要导入的文件,如图 5-3 所示。

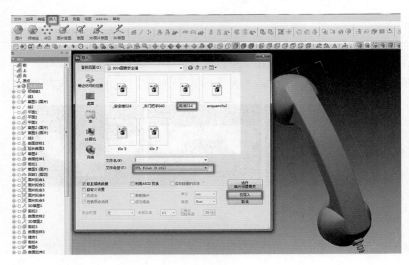

图 5-3

提示:把文件拖至软件三维显示区也可打开。

1.2 三角网格面片修补

建模前,一般首先对数据做些处理,如数据填充、光顺处理和面片优化等。选择左侧特征树下的特征"电话 014",再单击"面片"图标进入修补模式,此时可以根据数据的情况使用不同的命令进行处理,此案例数据质量较好,而且数据处理命令及方法在前面的项目中也做过详解,就不再介绍。效果如图 5-4 所示。

图 5-4

任务 2　逆向建模

2.1　领域组划分

　　初学者往往习惯直接使用"自动分割"命令进行特征领域的自动分类，或者自动分割后再进行手动修整。为了使初学者能了解更多方法，在遇到问题的时候，能更快应变过来，本项目完全使用手动方式，并有规律地划分区域。本项目主要使用领域组里的"分割""合并""插入"命令，划分时选择适当的选择方式可事半功倍。分类的特征领域具有几何特征信息后，可用于快速创建特征（"分割"命令在前面已做过详解）。效果如图 5-5 所示。

图　5-5

　　本节主要应用"画笔选择"模式以网状形式进行划分，这样使用"面片拟合"能得到更光顺的效果。其主要原因：由于扫描得到的数据都存在噪点，点与点之间存在小段差，那么把采点的距离拉开，所生产的曲面就能更光顺，当然精度也会稍大一些，但在允许的范围内越光顺越好。效果如图 5-6 和 5-7 所示。

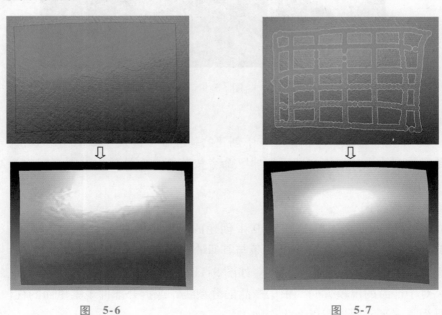

图　5-6　　　　　　　　　　　　　　　　　　图　5-7

2.2 对齐坐标系

1. 模型定位的简单说明

建模前，通常考虑产品的实际出模方向或加工工艺，根据相关情况进行定位，主要方便作图。经分析，听筒为左右对称，所以应把产品对称平面对齐到绝对坐标系上。

2. 求听筒及话筒圆心

首先通过"参照平面"命令，使用"选择多个点"方式在听筒及话筒平面处创建基准平面，如图 5-8 所示。

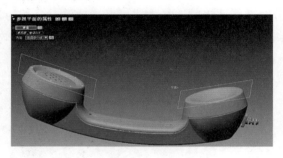

图　5-8

再使用"面片草图"按钮分别通过刚才创建的两个基准平面求得两圆圆心，如图 5-9 所示。

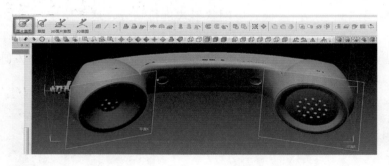

图　5-9

3. 求产品对称平面

使用"3D 草图"命令，单击图 5-8 中创建的基准平面进入"草图"模式，经过两圆心绘制出一条对称直线，并使用"曲面拉伸"命令按草绘方向拉伸出一个平面作为对称平面，如图 5-10 所示。

4. 求产品出模方向

使用"3D 草图"命令，单击图 5-10 中创建的对称平面进入"草绘"模式，经过听筒和话筒最低处绘制一直线，并绘制出一条与其垂直的直线，再使用"曲面拉伸"命令拉伸曲面，用于对齐坐标时约束和摆正模型。如图 5-11 所示。

提示：对于产品的出模方向，根据产品的分型线，或拆开部件观察里面的柱位、骨位而确定，主要为了满足方便作图以及生产加工。

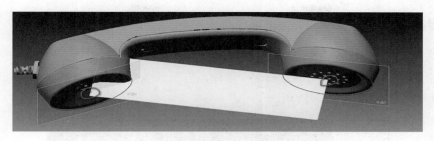

图　5-10

图　5-11

5. 对齐坐标

使用"手动对齐"命令将数据对齐到绝对坐标上，如图 5-12 所示。

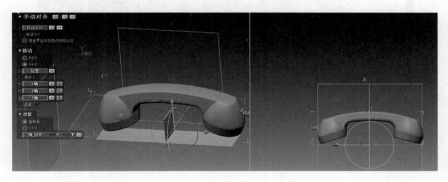

图　5-12

命令详解

X-Y-Z

坐标—使用目标坐标对齐，到—设置要对齐到的坐标。

X-Y-Z—将要素作为点和轴来进行对齐。反转按钮 ✛，可以反转选择的方向。

位置—将要素设置为移动位置，X 轴—将要素设置为 X 轴，Y 轴—将要素设置为 Y 轴。

Z 轴—将要素设置为 Z 轴。

2.3　模型构建

1. 电话听筒部分构建

（1）创建听筒盖　使用"参照平面"命令，以听筒盖底部创建一个基准平面，分别偏置出两个基准平面，如图 5-13 所示。

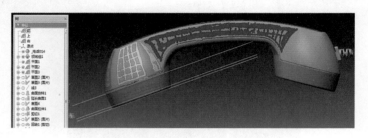

图　5-13

使用"面片草图"命令，分别单击偏置出来的"平面 2"和"平面 3"，得到截面线，并绘制两圆，将圆心约束于轴线上（即 Y0），如图 5-14 所示。

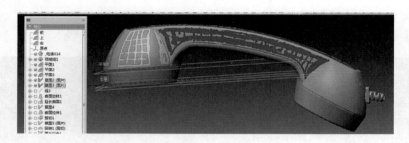

图　5-14

利用"曲面放样"命令，分别单击刚才创建的两个草图，创建"放样曲面"，并使用"延长曲面"命令，分别延长曲面两端，如图 5-15 所示。

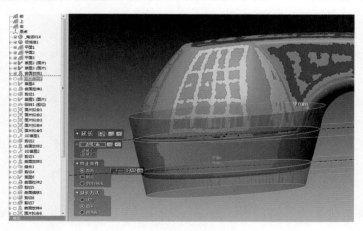

图　5-15

将听筒盖封闭成实体。使用"草图"命令,单击"前"基准面进入"草图"界面,绘制两条直线并按草绘方向拉伸出曲面,与前面创建的"放样曲面"进行修剪合并,形成封闭曲面,即生成实体模型。结果如图 5-16 所示。

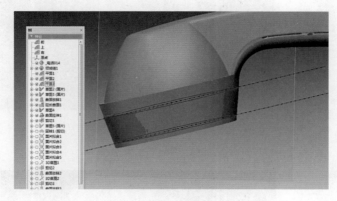

图　5-16

(2)创建听筒盖凹槽部分　使用"面片草图"命令,单击前基准面,得到截面线,并进行草绘,如图 5-17 所示。再使用"实体旋转"命令,单击创建的草图进行旋转,再进行剪切(注意选项),如图 5-18 所示。

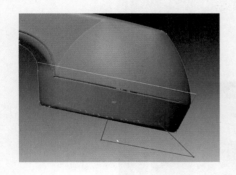

图　5-17

图　5-18

2. 听筒盖的背部构建

1)利用"面片拟合"命令完成自由曲面造型。使用"面片拟合"命令,单击划分好的领域,设置"分辨率"为"控制点数","U 控制点数"为"5","V 控制点数"为"6"。单击预览效果,并分析偏差,如图 5-19 所示。

提示:具体的参数设置会根据不同的造型而改变。确认一个曲面合格程度,只要通过观察曲面的光顺程度和偏差。调节偏差主要依靠改变 U、V 控制点数,曲面的光顺由平滑杆控制,读者在练习时要多尝试不同的设置。

2)使用"面片拟合"命令,单击划分好的领域,设置"分辨率"为"控制点数","U 控制点数"为"5","V 控制点数"为"5"。单击预览效果,并分析偏差,如图 5-20 所示。

3)使用"面片拟合"命令,单击分割好的领域,设置"分辨率"为"控制点数","U 控制点数"为"5","V 控制点数"为"5"。单击预览效果,并分析偏差,如图 5-21 所示。

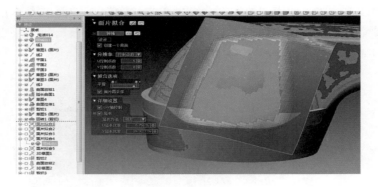

图 5-19

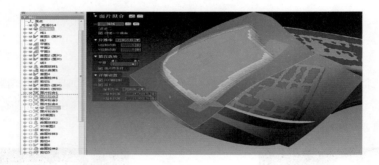

图 5-20

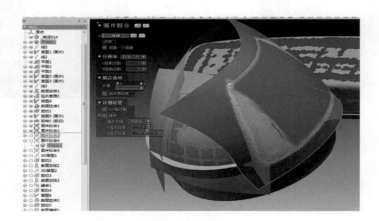

图 5-21

4）利用"曲面放样"命令光顺过渡。进入"3D 草图"界面，并用样条线在曲率过渡的位置分别绘制 4 根曲线，使用"剪切"命令进行修剪，如图 5-22a 所示。用"曲面放样"命令分别完成，如图 5-22b 所示。

5）利用"曲面放样"命令将听筒盖与背部连接过渡。使用"草图"命令，单击"前"基准面，进入"草图"界面，在拆件的位置绘制一条直线，并拉伸出曲面，用于剪切听筒

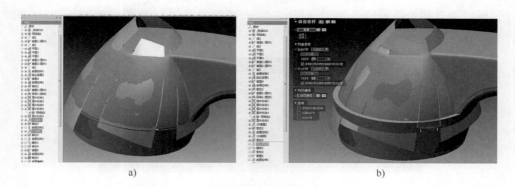

图　5-22

盖子的多余部分；再使用"曲面偏移"命令，将拉伸出来的曲面往背部方向偏移4mm，用于修剪背部曲面。用前基准面将盖子和背部曲面进行剪切（见图5-23a），再用"曲面放样"命令进行连接过渡，如图5-23b所示。

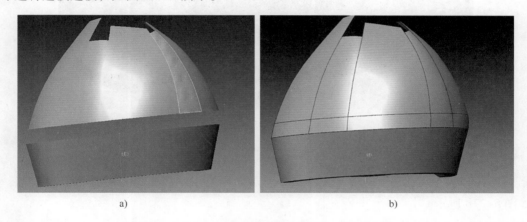

图　5-23

3. 手柄部分曲面构建

1）使用"面片拟合"命令，单击划分好的领域组，U、V方向的控制点数分别是"15""5"，选中"偏差"单选按钮，并进行预览，如图5-24所示。

图　5-24

2）用"面片拟合"命令，单击划分好的领域组，并进行预览，如图 5-25 和图 5-26 所示。

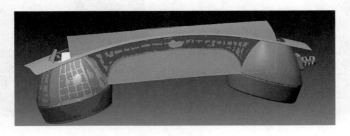

图　5-25

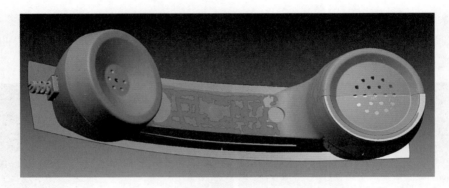

图　5-26

3）将手柄与背部连接。使用"偏移"命令以 0 距离偏移出一个曲面（复制曲面），再使用"剪切"命令将曲面修剪，如图 5-27a 所示，并使用"曲面放样"命令过渡顺接，效果如图 5-27b 所示。

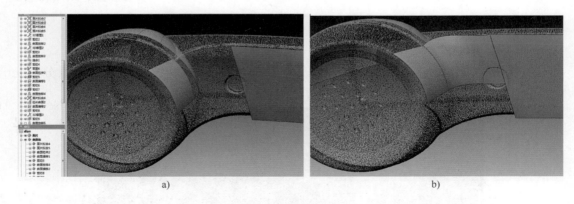

　　　　　　　　　a)　　　　　　　　　　　　　　　　　　　　　b)

图　5-27

4）将曲面分别进行修剪再缝合。先使用手柄背部曲面，将侧边曲面修剪，再对侧边与手柄内部曲面进行修剪，效果如图 5-28a 所示。所有曲面修剪完成后，再使用"缝合"命令将曲面连接，效果如图 5-28b 所示。

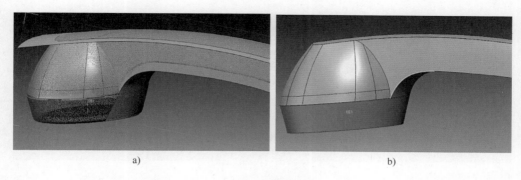

a)

b)

图 5-28

提示：由于电话听筒和话筒的造型一致，按相同方法操作完成。

4. 将手柄部分与听筒、话筒背部封闭成实体

使用"剪切"命令，按听筒的修剪方法，将曲面修剪完毕，再使用"缝合"命令连接曲面，效果如图5-29所示。

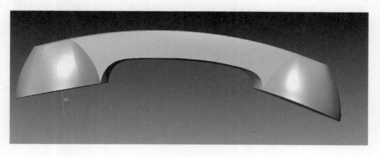

图 5-29

5. 将听筒盖、话筒盖及手柄部分合并为一体

使用"布尔运算"命令将听筒盖、话筒盖及手柄部分合并为一体，效果如图5-30所示。

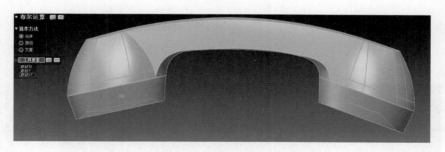

图 5-30

6. 倒角和镜像

1）根据扫描数据或实物样品 R 角的大小情况，使用"倒角"命令分别进行倒角。效果如图5-31所示。

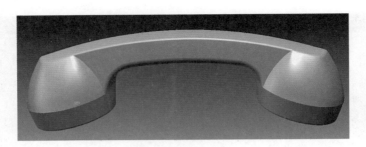

图　5-31

2）使用"镜像"命令，将实体镜像到别一边，并使用"布尔运算"命令合并。效果如图 5-32 所示。

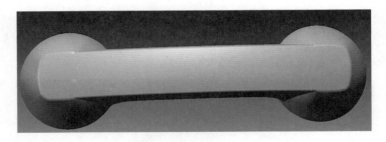

图　5-32

提示：镜像完毕后，如果中间有不光顺的现象，可以通过剪切一部分，再进行放样操作以光顺过渡。

任务3　误差分析和文件输出

3.1　误差分析

选中右侧"Accuracy Analyzer（TM）"面板中的"偏差"单选按钮，"许可公差"中的"下限""上限"分别设置为"-0.1mm""0.1mm"，通过观察"颜色面板"的值便可知道偏差大小，效果如图 5-33 所示。

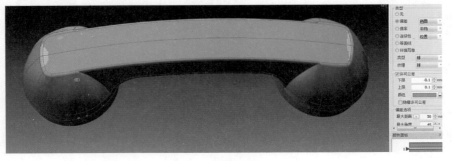

图　5-33

3.2　文件输出

选择菜单栏中"文件"→"输出"，"要素"选择需要输出的实体，单击"下一步"按钮，在弹出的对话框中输入所保存文件的名字，选择要保存的类型，如通常使用的 STP、IGS 等，如图 5-34 所示。

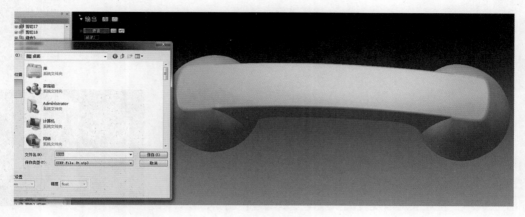

图　5-34

思考与练习

1）针对不规则数据创建坐标系应注意什么？

2）曲面较多的数据领域组应如何细分？

3）在点阶段如何保证不影响真实数据的情况下减少点的数据量？

4）如何构建平滑的曲面？

5）如何更好地匹配面片与面片的结合？

项目6 安全锤模型重构（2014年国赛样题）

学前见闻

中国玻璃，从落后到崛起的故事

项目引入

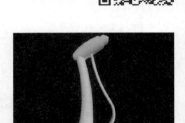

客户：某汽车安全锤生产厂商

产品：汽车安全锤

背景：

某汽车安全锤生产厂商是一家专业生产安全锤的企业。由于市场的竞争大，各种多功能的安全锤不断出现。为了节省生产和制造成本，企业决定以现有的安全锤为基础进行创新，设计出一个多功能安全锤（图6-1）。首先通过三维扫描获取安全锤的

图 6-1

三维数据点云，在此基础上再进行三维建模得到三维数字化模型，并做产品的功能创新设计。

技术：精度要求为0.05mm，要求曲面光顺，各区域之间正确过渡，各细节特征符合原来产品。

项目分析

由于产品基本外形不变，仍然使用之前的模具进行更改，所以数据的精度要求比较高。本项目案例重点学习如何使用旋转、拉伸及面片拟合来完成安全锤的三维建模，特别是安全锤手柄与外围的过渡方法，最后进行模型公差分析。其过程如图6-2所示。

a) 原始数据   b) 实体   c) 误差分析

图 6-2

项目要点

➢ 掌握点云领域的划分

➢ 掌握对称类工件对齐坐标的要求与技巧

➢ 掌握规则特征与自由曲面的构建

➢ 掌握模型领域的过渡方法

难度系数

★★★★☆

任务1 点云数据的处理

1.1 点云导入

在菜单栏中选择"插入"→"导入"，找到存放文件的路径，选择文件类型再选择需要导入的文件，如图6-3所示。

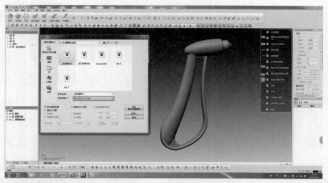

图 6-3

提示：把文件拖至软件三维显示区也可打开。

1.2 三角网格面片修补

建模前，一般首先对数据做些处理，如数据填充、光顺处理和面片优化等。选中左侧特征树下的"安全锤024"，再单击"面片"图标进入修补模式，选择"工具"→"面片工具"→"智能刷"。本案例主要使用了智能刷笔，进行局部光顺，最后使整体的面片优化（"面片优化"命令在项目2中已经进行详解）。效果如图6-4所示。

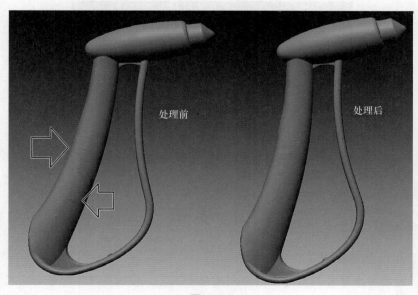

处理前   处理后

图 6-4

任务2 创建模型特征

2.1 领域组划分

通过"自动分割"命令可自动分类特征领域。但通常自动分割出来的领域并不理想，需要再通过手动编辑，使用"分割""合并""插入"命令按自己思维进行划分。经分类的特征领域具有几何特征信息，可用于快速创建特征（"分割"命令详解在前面已介绍）。

注意："敏感度"滑块如果移至高，就会提高检索敏感度。如果面片很粗糙，较高的检索敏感度可能会生成比较多的领域组，具体值根据分割的效果来设置。自动分割如图 6-5 所示，手动分割如图 6-6 所示。

注意：对领域进行分类后，将鼠标指针放到领域上，几何形状的类型就会显示出来，可以查看领域分割的结果。如果想仅选择领域，在工具栏中单击"过滤领域"按钮，效果如图 6-7 所示。

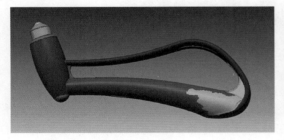
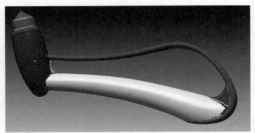

图　6-5　　　　　　　　　　　　　　　　　图　6-6

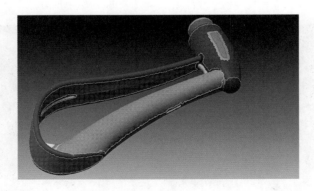

图　6-7

2.2 对齐坐标系

1. 模型定位的简要说明

建模前，通常考虑产品的实际出模方向或加工工艺，根据相关情况进行定位，主要方便作图。经分析，安全锤应做到左右对称，手柄外围除外（因安装在车上时，手柄外围有一侧阻碍安装，故删掉干涉部分），所以应把产品对称平面对齐到绝对坐标系上。

2. 求锤头回转轴及回转轴法向平面

首先通过"参照线"命令，求得锤头的回转轴（见图 6-8），再使用"参照平面"命令，通过回转轴求得法向平面，方式为"选择点和法向轴"，如图 6-9 所示。

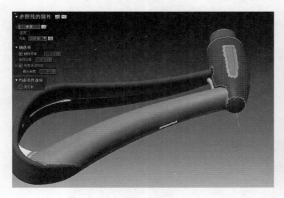 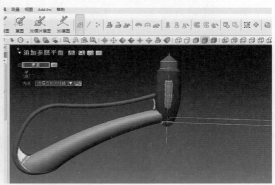

图　6-8　　　　　　　　　　　　　　　　图　6-9

3. 求产品对称平面

使用"面片草图"命令，单击上一步创建的法向平面，进入"草图"界面，经过回转轴绘制出一条对称直线，并使用"曲面拉伸"命令，按草绘方向拉伸出一个平面，如图 6-10 所示。

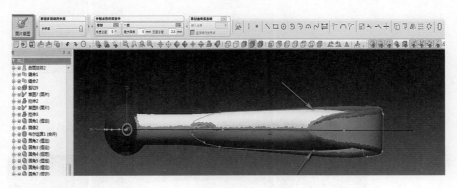

图　6-10

4. 对齐坐标

使用"手动对齐"命令，将数据对齐到绝对坐标系上，如图 6-11 所示。

2.3　模型构建

1. 锤头部分构建

使用"面片草图"命令，单击前基准面便得到截面线，再根据截面线绘制出规律草图，重点以回转轴为旋转中心，并进行约束尺寸，如图 6-12 所示。

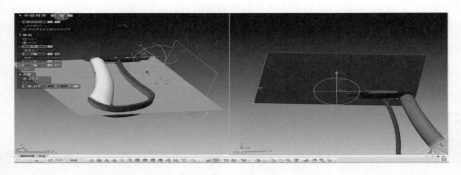

图　6-11

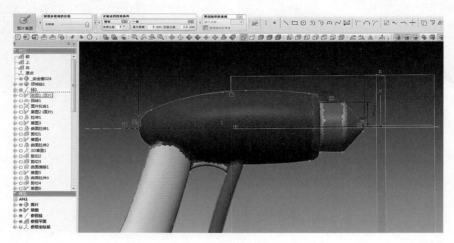

图　6-12

注意：类似这类规则产品的草图绘制，一般由圆弧或直线组成，完成建模后再进行倒角。接下来直接使用"回旋体"命令完成，如图 6-13 所示。

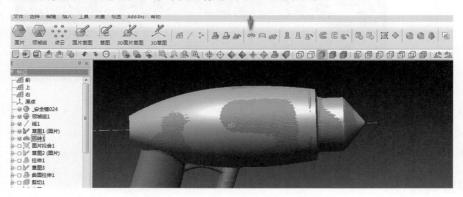

图　6-13

提示：建模的准确度，可以通过右边 "Accuracy Analyzer（TM）" 面板的偏差分析，根据偏差情况再进行调节。

2. 手柄部分构建

使用"面片拟合"命令，单击分割好的领域，设置"分辨率"为"控制点数"，"U 控制点数"为"20"，"V 控制点数"为"10"。单击预览效果如图 6-14 所示。

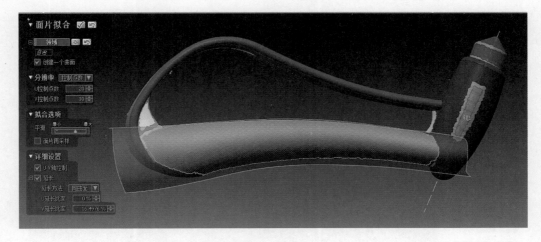

图　6-14

提示：具体参数的设置会根据不同的造型而变。确认一个曲面合格程度，只要通过观察曲面的光顺程度和偏差。调节偏差主要依靠改变 UV 控制点数，曲面的光顺由平滑杆控制，读者在练习的时候多尝试就能把握（此命令详解前面已讲）。

3. 手柄外围部分的构建

使用"面片草图"命令，单击前基准平面进入"草绘"界面，再根据得到的截面线进行绘制规则草图，用"偏移"命令偏移出 4mm 宽度，最终连接成封闭草图，如图 6-15 所示。

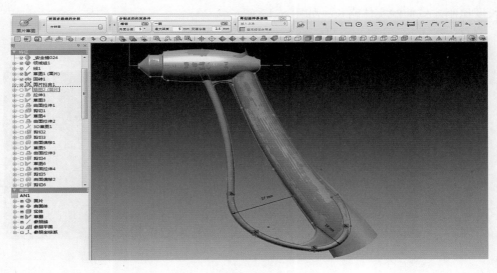

图　6-15

　　退出"草图"界面，单击"实体拉伸"按钮，基准草图选择"草图2 面片"，"方向"选择"距离"，"长度"为"18mm"，拔摸角度为"1°"，勾选"反方向"复选框，给予相同的参数，如图6-16 所示。

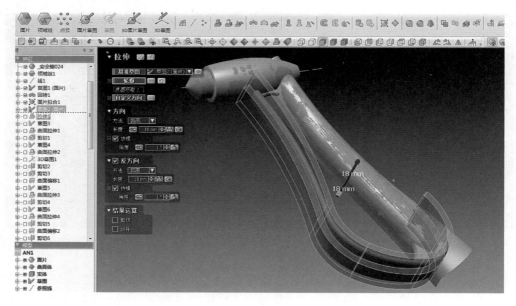

图 6-16

　　提示：由于产品在生产和使用过程中产生了一些变形，但在逆向时应该按正向的思路去修正，所以这个规则的部位还是用圆弧倒角去完成，并且给予平均宽度4mm。

　　4. 切掉两端多余的部分

　　使用"草图"命令，单击右基准平面进入草绘环境。参照外围的边界绘制两条圆弧线，两端长度比刚才拉伸的实体略长，如图6-17 所示。

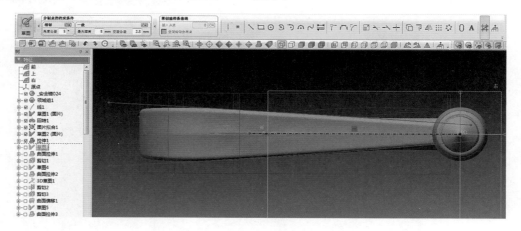

图 6-17

　　完成草图并退出"草图"界面，进入"拉伸曲面"命令，选择刚才创建的草图并拉伸出曲面，曲面的大小能覆盖外围实体部分，如图 6-18 所示。

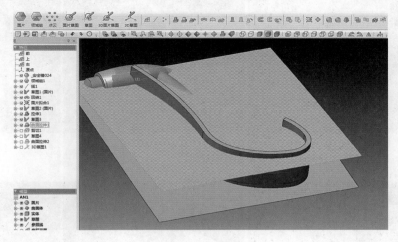

图　6-18

使用"剪切"命令，"工具要素"选择刚才拉伸的曲面，"对象体"选择"拉伸1"，单点击下一步残留体，选择要保留的部分，完成剪切，如图 6-19 所示。

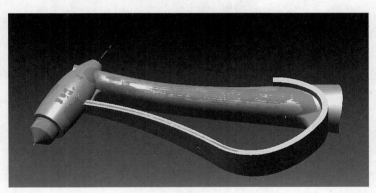

图　6-19

接着使用同样的方法，以上基准面为草图平面，绘制轮廓线并拉伸曲面，把两端多余的部分切掉，如图 6-20 所示。

观察手柄与手柄外围光顺过渡的范围，做一个放样曲面，并约束两端相切过渡，如图 6-21 所示。

通过曲面缝合，使用"曲面剪切"命令正行修剪。效果如图 6-22 所示。

利用相同的方法把另一侧完成。

5. 两小特征构建

分别使用"面片草图"命令求得截面线并绘制草图，再使用"拉伸"命令完成特征。如图 6-23 所示。

6. 镜像体

通过"镜像"命令，把手柄及上一步创建的两个小特征以前基准平面进行镜像，并使

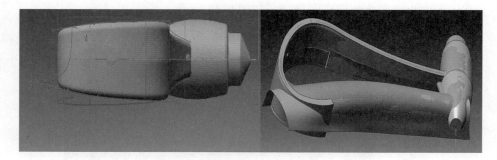

图 6-20

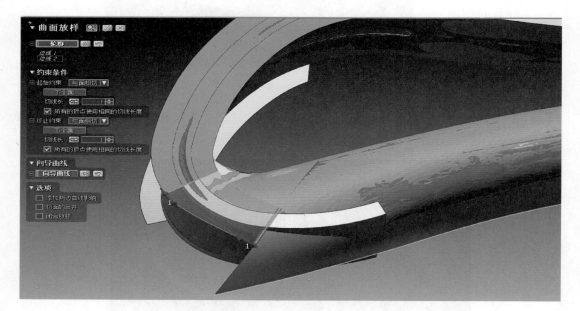

图 6-21

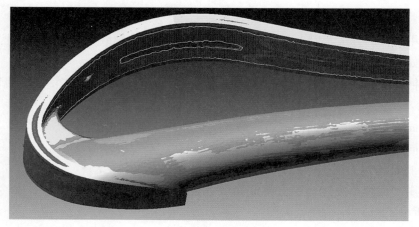

图 6-22

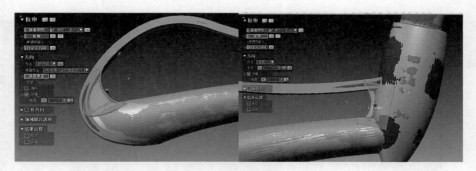

图　6-23

用"布尔运算"命令将所有实体合并。效果如图 6-24 和图 6-25 所示。

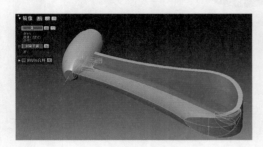

图　6-24

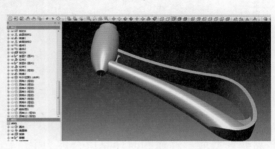

图　6-25

观察样件，使用"倒角"命令进行倒角。效果如图 6-26 所示。

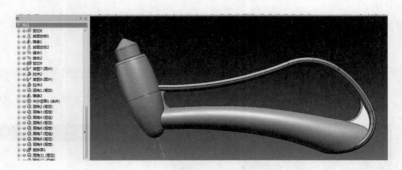

图　6-26

任务 3　误差分析和文件输出

3.1　误差分析

选中右侧"Accuracy Analyzer（TM）"面板中的"偏差"单选按钮，"许可公差"的"下限"和"上限"分别设置为"−0.1mm"和"0.1mm"，通过观察"颜色面板"的值便可知道偏差大小，如图 6-27 所示。

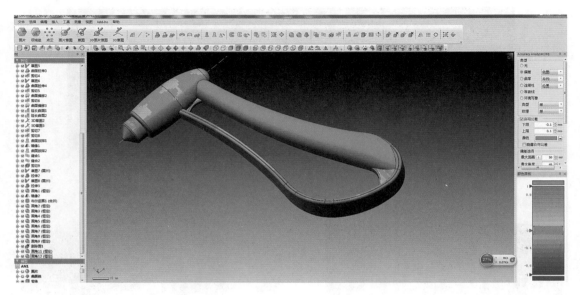

图　6-27

提示：检查偏差时就把点云隐藏，颜色为绿色的公差较准确，部分公差稍大是因为修正产品变形造成，在作图时还是以合理为主。

3.2　文件输出

在工具栏中单击"输出"按钮，"要素"选择需要输出的实体，单击"下一步"按钮，在对话框里输入保存文件的名字，选择要保存的类型，如通常使用的 STP、IGS 等，如图 6-28 所示。

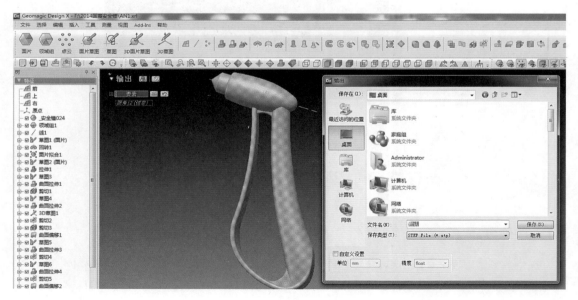

图　6-28

思考与练习

1）在数据处理时，如何保证数据的完整性与真实性？

2）将几何形状、圆角和自由曲面等领域划分为形状特征的基准是什么？

3）对于对称数据应如何创建适合建模的坐标系？

4）如何根据数据构建精确的特征？

5）在误差分析时，对于缺失数据所建模型特征是否需格外关注？

项目 7　车门把手模型重构（2014 年国赛赛题）

学前见闻

共和国的骄傲——红旗检阅车的前世今生

项目引入

客户：某汽车配件厂

产品：车门把手

背景：

某汽车配件厂是一家专业生产汽车配件的企业，由于逆向工程设计在汽车行业应用得比较广泛，而且车门把手（图 7-1）主要由规则结构以及自由曲面组成，从设计和机械专业的因素角度综合考虑，很

a) 车门把手正面　　　　　b) 背面　　　　　c) 侧面

图　7-1

适合考核学者的逆向水平，故被选为 2014 年三维数字化国赛考题。

技术要求：坐标定位合理，曲面拆分合理，在要求的公差范围内曲面光顺并达到加工工艺的可行性。

项目分析

经分析，车门把手主要由规则性的装配结构与流线形的外观面组成。本项目重点介绍如何划分面片领域、使用曲面拟合及整体特征拆分功能，自由曲面与几何形状特征混合的多特征处理，按合理的公差完成建模。其过程如图 7-2 所示。

a) 原始数据　b) 实体　c) 误差分析

图　7-2

项目要点

➢ 熟悉逆向建模工作

➢ 熟悉 Geomagic Design X 中面片草图功能的优势

➢ 熟悉 Geomagic Design X 中特征分区构建的基本功能

➢ 熟悉 Geomagic Design X 中特征修剪的基本功能

➢ 熟悉 Geomagic Design X 中误差分析的基本功能

难度系数

★ ★ ★ ★ ★

任务 1 点云数据的处理

1.1 点云导入

准备好点云数据，格式可为 STL、OBJ 等，将点云文件直接拖入软件中，如图 7-3 所示。

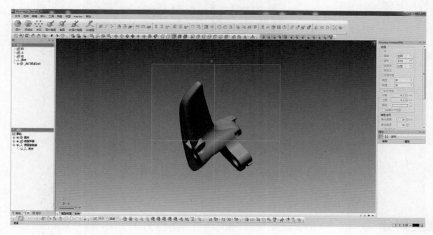

图 7-3

1.2 三角网格面片修补

单击左侧特征下的三角面片，双击进入"面片"模块，对三角面片进行修补，单击使用"面片的优化"命令，使整体的面片优化，如图 7-4 所示。

1.3 数据保存

选择"文件"→"保存"命令，如图 7-5 所示。可单独输出文件，选择所需的文件输出即可，如图 7-6 和图 7-7 所示。

图 7-4

图 7-5

新建	Ctrl+N
打开...	Ctrl+O
保存	Ctrl+S
另存为...	
TeamPlatform	▶
输出...	
发布	▶
画面截屏...	
打印...	
打印预览...	
打印设置...	
LiveTransfer(TM)	▶
批量处理进程	▶
设置...	
摘要信息...	
最近使用文件	▶
退出	

```
Binary STL File (*.stl)
Ascii STL File (*.stl)
XO Model (*.xdl)
RapidForm2006 Model File 4.0 (*.mdl)
Geomagic Points File (*.pts)
Geomagic Polygons File (*.fcs)
Ascii Points File (*.asc)
CyberWare Binary File (*.ply)
CyberWare Ascii File (*.ply)
OBJ File (*.obj)
3D Studio File (*.3ds)
VRML 1.0 File (*.wrl)
VRML 97 File (*.wrl)
INUS Compression File (*.icf)
Kubit File (*.ptc)
Leica File (*.pts)
KeyShot File (*.bip)
AutoCAD DXF File (*.dxf)
```

图 7-6 　　　　　　　　　　　　　图 7-7

任务 2　创建模型特征

2.1　领域组划分

1. 自动分割

单击"领域组"　按钮，自动弹出"自动分割"　按钮，"敏感度"设置为"10"，"面片的粗糙度"设置为中间位置，最后单击"确认"按钮即可，如图 7-8 所示。

图 7-8

2. 手动划分领域

对划分的区域进行自定义划分，使用"分离"　按钮，单击左下角的"画笔选择模式"　按钮，对所不满意的领域组进行划分即可，如图 7-9 所示。

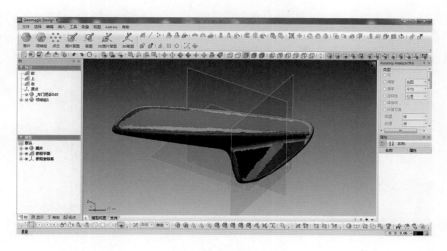

图　7-9

2.2　对齐坐标系

单击"手动对齐" 按钮，再单击"下一步"按钮即可，选中"X-Y-Z"的建坐标系方法，X 轴选择孔的方向领域，Z 轴选择平面领域，详细位置如图 7-10 所示。

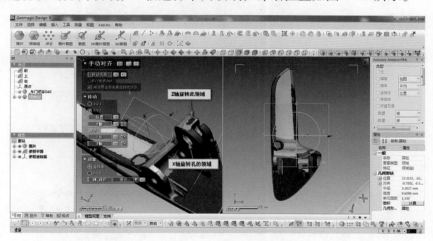

图 7-10

单击"确认"按钮即可，坐标系建立完成，再单击主视图，检测对齐后的结果，如图 7-11 所示。

2.3　构造曲面

1. 创建自由曲面

1）单击"面片拟合"按钮，进入"面片拟合"命令，分别单击所需创建的领域组，并根据需要设置相对应的参数，单击"确认"按钮即可，将车门把手的底部曲面创建。如图 7-12 所示为五个曲面领域，图 7-13 所示为建立的五个曲面。

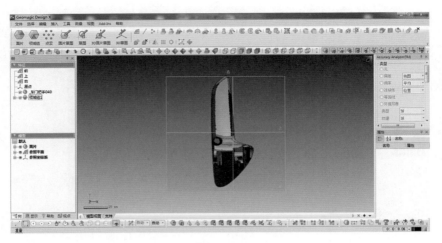

图　7-11

图　7-12

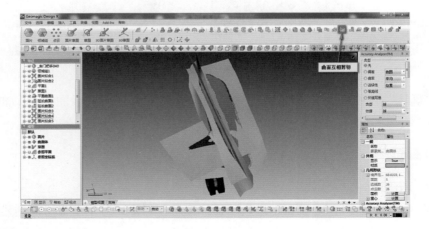

图　7-13

　　单击"曲面剪切" ⬚ 按钮将五个曲面互相剪切，单击"缝合" 📖 按钮将剪切后的五个面缝合到一个曲面，剪切效果如图 7-14 所示。

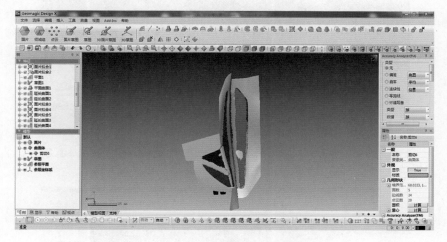

图　7-14

　　2）单击"面片拟合" ⬚ 按钮，进入"面片拟合"命令，再单击所需的领域组，单击"确认"按钮即可，将车门把手上部两个曲面创建，曲面位置如图 7-15 所示。

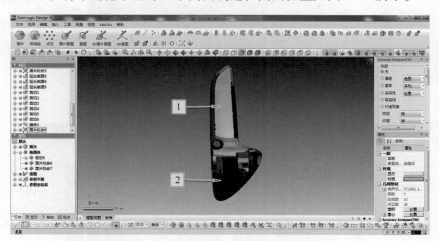

图　7-15

　　由于两个曲面没有相交，为了使上部曲面封闭，采取在两个曲面相交区域的中间做一个平面，分别切割两个曲面，此平面参照图 7-16a 中的位置，最终两两剪切，得到一个上部的封闭曲面，如图 7-16b 所示。

　　3）然后单击"面片草图" ⬚ 按钮，选择"前"参照平面，绘制出如图 7-17 所示的草图，单击"曲面拉伸" ⬚ 按钮，选择此轮廓线，将车门把手侧部的曲面创建。

　　2. 修剪曲面创建主体

　　选择"插入"→"曲面"→"剪切＆合并"，然后依次选择构建的封闭底面，封闭上面与

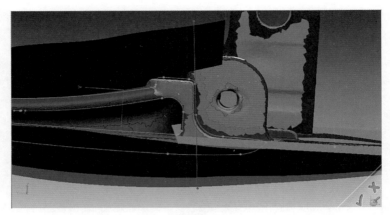

a)

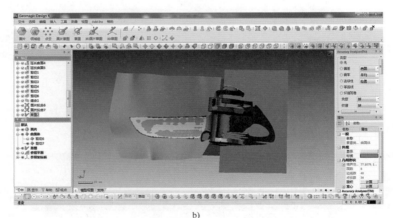

b)

图　7-16

图　7-17

封闭侧面，单击"确认"按钮确定，如图 7-18 所示。

最终将主体曲面创建完成，封闭曲面自动生为实体，如图 7-19 所示。

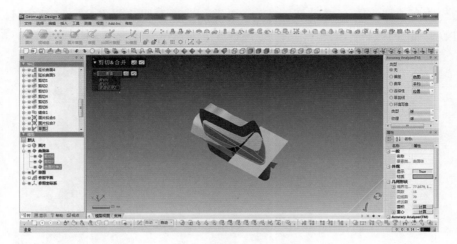

图　7-18

图　7-19

单击"参照平面" 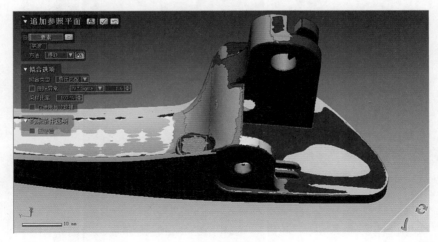 按钮，选择图 7-20 所示的领域，建立参照"平面 2"。

图　7-20

单击"曲面剪切实体" 按钮,"工具要素"选择参照"平面 2","对象体"选择实体,剪切效果如图 7-21 所示。

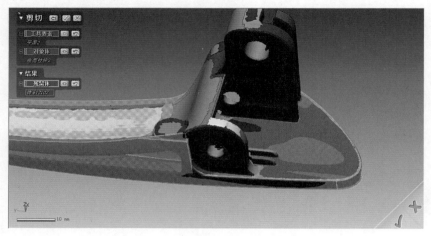

图　7-21

2.4　添加局部主要特征

1. 拉伸拔模

使用"面片草图" 按钮,选择参照"平面 2",绘制如图 7-22 所示的轮廓。

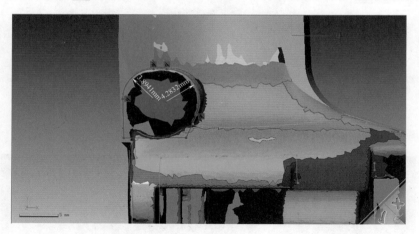

图　7-22

单击"实体拉伸" 按钮,"轮廓"选择上一步绘制的轮廓线,"距离"为"8mm","拔模"角度设置为"6°",效果如图 7-23 所示。

使用"面片草图" 按钮,参照平面选择图中指出的领域,绘制如图 7-24 所示轮廓。

单击"实体拉伸" 按钮,"轮廓"选择上述绘制的轮廓线,"距离"为"46mm",效果如图 7-25 所示。

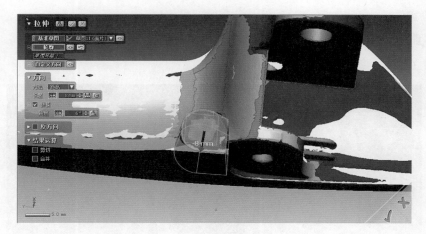

图　7-23

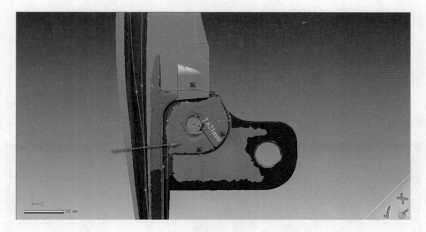

图　7-24

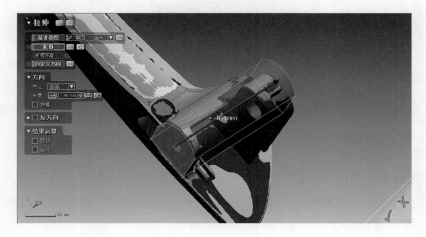

图　7-25

2. 修剪实体

使用"曲面拉伸" 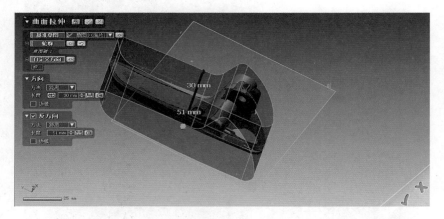 功能，草图"轮廓"选择之前建立的"草图 3"，将修剪实体使用的曲面建立起来，如图 7-26 所示。

图　7-26

单击"曲面剪切实体" 按钮，"工具要素"选择上一步拉伸的曲面，"对象体"选择"拉伸 1"与"拉伸 2"两个局部特征，选择保留体，单击"确认"按钮确定，参数设置如图 7-27 所示。

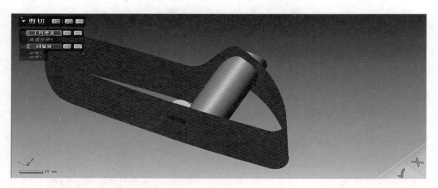

图　7-27

使用"面片草图" 按钮，参照平面选择图 7-28 中指出的领域，绘制如图 7-29 所示轮廓。

单击"实体拉伸" 按钮，"轮廓"选择上一步绘制的轮廓线，"距离"为"31mm"，效果如图 7-30 所示。

单击"布尔运算" 按钮，"操作方法"选择"剪切"，"工具要素"选择上一步的拉伸体，"对象体"选择圆柱，单击"确认"按钮确定。

3. 实体合并及倒圆角

单击"布尔运算" 按钮，"操作方法"选择"合并"，选择圆柱体和主体进行合并，

图　7-28

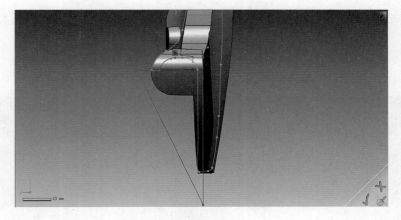

图　7-29

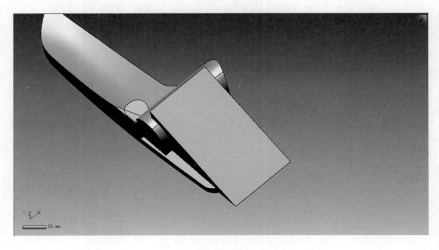

图　7-30

合并后使用"圆角" 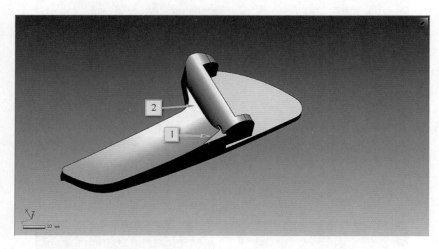 按钮把位置 1 和位置 2 的圆角倒出来，半径都为 10mm，如图 7-31 所示。

图 7-31

使用前面所讲到曲面剪切实体的方法将图 7-32 所示的区域剪切出来，这里就不再赘述。

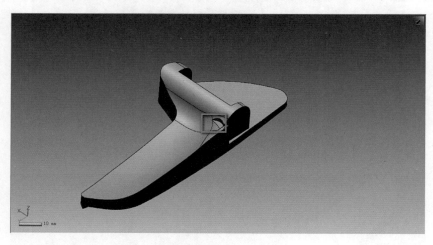

图 7-32

单击"布尔运算" 按钮，"操作方法"选择"合并"，将主体和之前拉伸的柱体合并。

4. 曲面修剪实体

使用"曲面几何形状" 和"拉伸曲面" 按钮把需要使用的修剪曲面建立出来，如图 7-33 所示。

单击"曲面剪切实体" 按钮，使用上一步的曲面修剪主体。

5. 倒圆角的创建

图 7-34 所示位置的圆角使用简单圆角功能创建，"半径"设置为"5mm"，单击"确

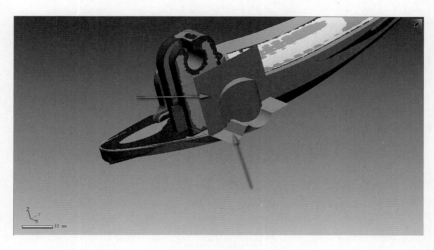

图　7-33

认"按钮确定。

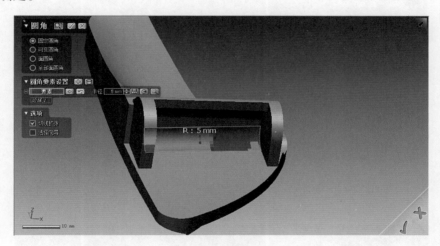

图　7-34

2.5　添加局部简单特征

1. 创建特征

使用"面片草图"![icon]按钮，参照平面选择图中指出的领域，绘制如图 7-35 所示轮廓。

单击"实体拉伸"![icon]按钮，"轮廓"选择上一步绘制的轮廓线，"方法"选择"到领域"，效果如图 7-36 所示。

注意：使用同样的方法将图 7-37 中的位置特征创建。

2. 修剪拉伸实体

使用"面片草图"![icon]按钮，参照平面选择图中指出的平面，绘制如图 7-38 所示的轮廓。

图　7-35

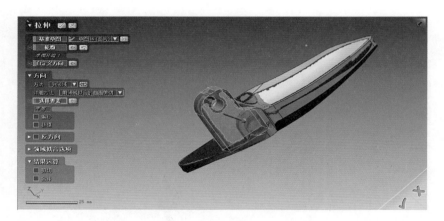

图　7-36

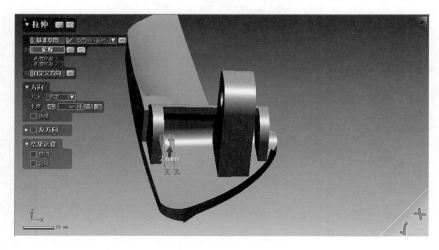

图　7-37

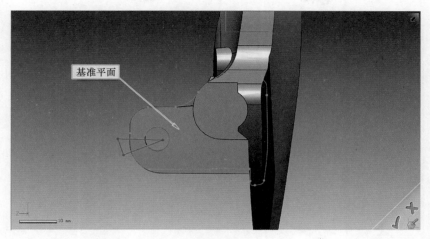

图　7-38

单击"实体拉伸" 🖳 按钮，"轮廓"选择上一步绘制的轮廓线，"距离"设置为"5mm"，"结果运算"勾选"剪切"，效果如图 7-39 所示。

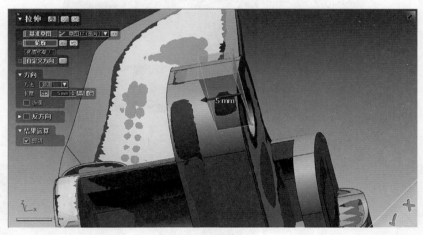

图　7-39

注意：使用同样的方法将如图 7-40 所示的剪切特征 1、剪切特征 2 与剪切特征 3 创建。

2.6　创建倒圆角特征

使用"圆角" 🖳 按钮将此区域进行倒角，倒角之前要考虑是否要将实体之间合并为一体。此案例在接下来的操作前可以将所有的实体合并为一体。倒角技巧分享：倒圆角的同时将偏差检测功能开启，使用魔法棒的自动探索半径如图 7-41 所示，但是需要注意自动探索的半径需要稍微手动调整为整数值。

同时需要注意倒角顺序，倒角顺序不同，倒出来的效果不同，根据实物特征决定倒角顺序。本案例底面四个倒角顺序在图 7-42 中有提示。

注意：使用同样的方法将车门把手前面的所有圆角创建，效果如图 7-43 所示。

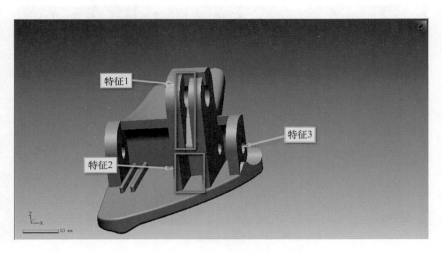

图　7-40

图　7-41

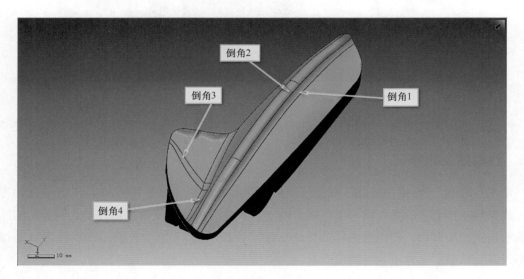

图　7-42

图　7-43

任务3　误差分析和文件输出

3.1　误差分析

将建模完成后，选中右侧的"偏差"单选按钮即可查看色彩偏差图，将鼠标指针放在工件上可查看偏差数值，操作命令如图7-44所示。

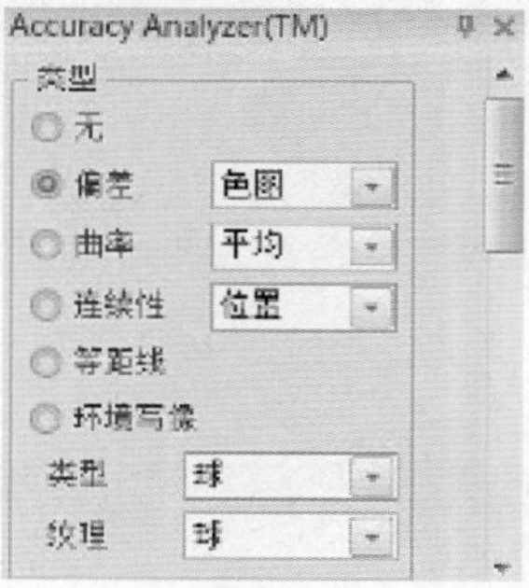

图　7-44

结果如图7-45所示。

3.2　文件输出

将建模完成后的实体输出STP格式或选择客户所需的格式，选择"文件"→"输出"，选择输出要素为视图下的实体，如图7-46所示。

单击"确认"按钮即可，选择所保存的文件路径，如图7-47所示。

选择文件保存的类型，如图7-48所示。

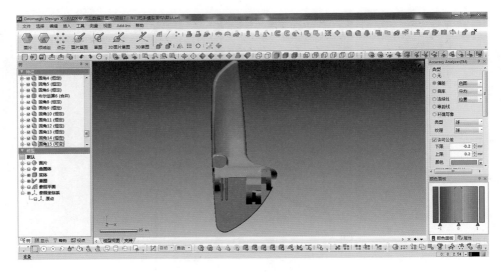

图 7-45

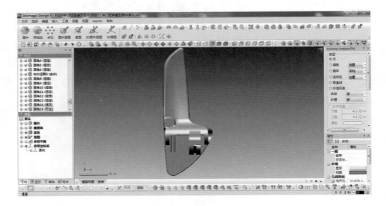

图 7-46

图 7-47

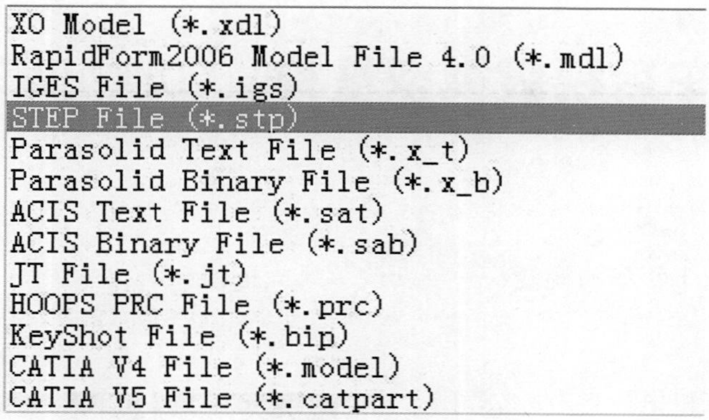

```
XO Model (*.xdl)
RapidForm2006 Model File 4.0 (*.mdl)
IGES File (*.igs)
STEP File (*.stp)
Parasolid Text File (*.x_t)
Parasolid Binary File (*.x_b)
ACIS Text File (*.sat)
ACIS Binary File (*.sab)
JT File (*.jt)
HOOPS PRC File (*.prc)
KeyShot File (*.bip)
CATIA V4 File (*.model)
CATIA V5 File (*.catpart)
```

图 7-48

思考与练习

1）对于缺失数据应如何保证真实性的填补？

2）如何掌握领域组的过渡方法？

3）建模过程中特征创建的顺序是否会影响整体？

4）整体与局部间如何更好地结合？

5）对于数据缺失处如何建模？

项目 8　汽车后视镜模型重构（2014 年教师赛赛题）

中国新能源行业十年华丽蜕变——创新改革风头正劲

项目引入

客户：沈阳海瀛机电设备有限公司

产品：后视镜

背景：

该公司是沈阳专门生产汽配产品的企业。为开拓产品市场、扩大产品系列，公司决定设计一款新型的汽车后视镜（图 8-1）。目前本产品已经过概念设计阶段，概念（工业）设计师提交的是多面体数据（.stl），不能直

a) 正面　　　　　b) 背面　　　　　c) 侧面

图　8-1

接用于生产或者结构设计，仅能用于打印 3D 样件。下面根据提供的三维数据，完成产品三维模型的逆向设计。

技术要求：曲面光顺，曲面过渡曲率连续，整体精度为 0.05mm。

项目分析

汽车后视镜由镜头和旋座两部分组成，由大量不规则的复杂自由曲面构成，以及两大组成部分、曲面间的过渡均需要曲率连续，过渡光顺。

故根据后视镜的三维数字化数据，分两部分构造镜头和旋座并保证两部分之间曲率连续过渡，最终通过误差分析检测实体模型是否满足要求。其过程如图 8-2 所示。

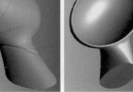

a) 倒后镜三维数据　　b) 实体建模　　c) 误差分析

图　8-2

项目要点

➢ 掌握 Geomagic Design X 的 3D 面片草图样条曲面的画法

➢ 掌握 Geomagic Design X 的基于样条线的曲面拟合方法

➢ 掌握 Geomagic Design X 的复杂曲面间的裁剪与缝补

➢ 掌握 Geomagic Design X 的两部分实体间的曲面过渡与衔接

难度系数

★★★★★

任务1 点云数据的处理

选择"插入"→"导入"命令，在弹出的对话框中选择要输入的点云数据，如图8-3所示。

图 8-3

任务2 创建模型特征

2.1 创建坐标系

1）单击"领域组" 按钮，划分点云领域如图8-4所示。

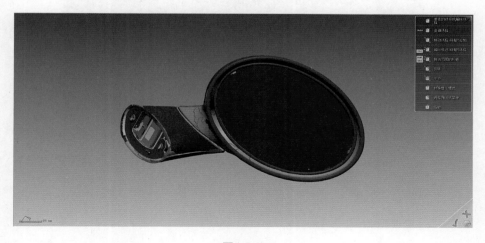

图 8-4

2）单击"参照平面"  按钮，创建平面，如图 8-5 所示。

图　8-5

3）单击"手动对齐" 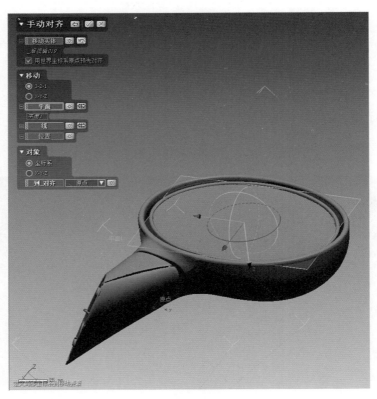 按钮，选择平面，单击"确认"按钮即可。所建坐标系如图 8-6 和图 8-7 所示。

图　8-6

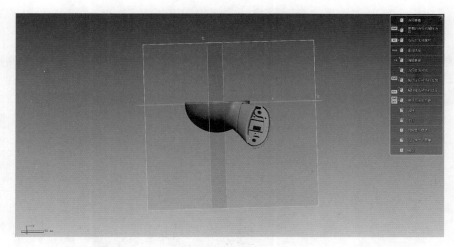

图　8-7

2.2　模型构建

1）单击"3D 面片草图" ![按钮] 按钮进入"3D 面片草图"模式，单击"样条曲线" ![按钮] 按钮，在面片模型上建立如图 8-8 所示的三条曲线（三条曲线要两两相交）。单击右下方 "确认"按钮，退出"3D 面片草图"模式（提示：若不相交，可以通过选择该线的端点，按住鼠标左键不放往另一根线靠近，相交时会产生高亮显示，多余的线头可以通过剪切移除）。

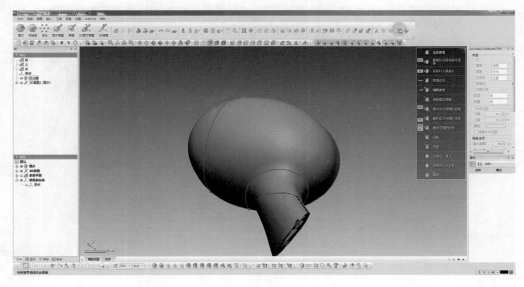

图　8-8

2）单击"境界拟合" ![按钮] 按钮，选择绘制的三条曲线，如图 8-9 所示参数设置选项；选择曲线网格，单击下一阶段，参数设置如图 8-10 所示，得到相关曲面。单击右下方"确认"按钮 按钮，退出"境界拟合"模式，曲面构建完成（提示：许可精度和平滑度可以根据设计要求分配）。

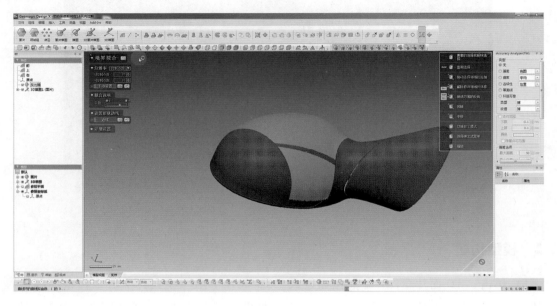

图 8-9

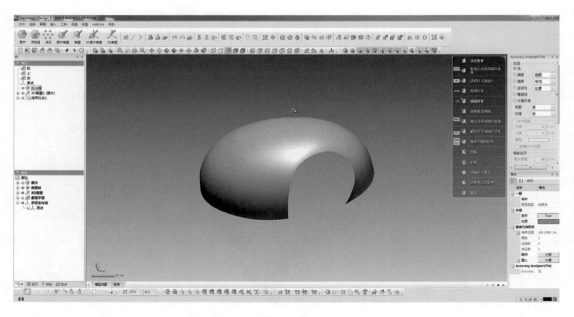

图 8-10

3）选择"前"参照平面，单击"草图" 按钮进入"草图"模式，编辑如图 8-11 所示的草图，单击右下方"确认" 按钮，退出"草图"模式。单击"曲面拉伸" 按钮，选择草绘的两根直线，拉伸出两个曲面，如图 8-12 所示。

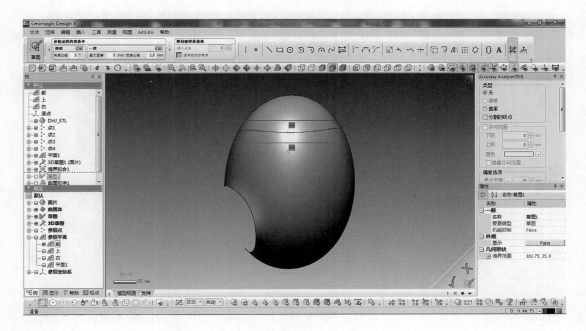

图 8-11

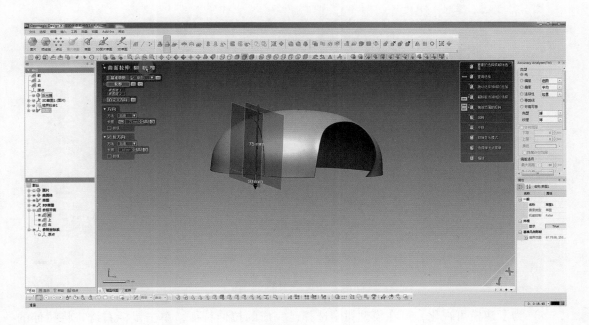

图 8-12

4）单击"曲面剪切" 按钮，"工具要素"选择上一步拉伸的两个曲面，"对象体"选择刚才境界拟合的曲面，单击"下一步"按钮，"残留体"选择要保留的部分，正行剪切保留如图 8-13 和图 8-14 所示，退出"剪切"模式，修剪完成。

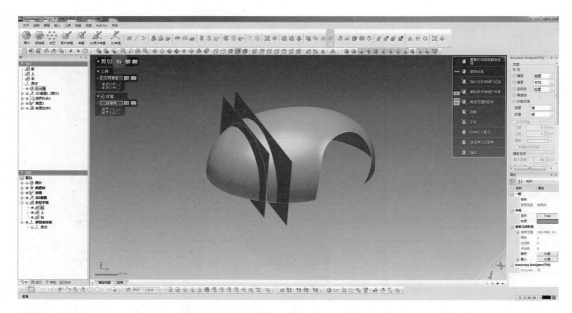

图 8-13

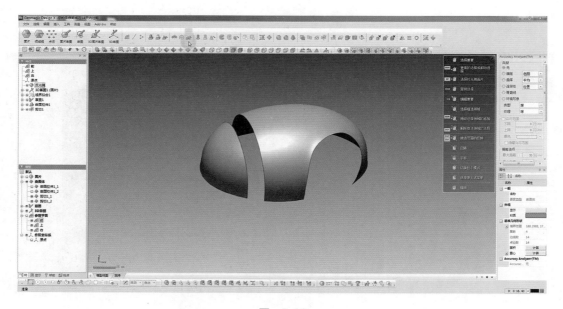

图 8-14

5）为了建模可视化，可在模型树中选择已完成的拉伸特征，单击鼠标右键，将拉伸的两个曲面隐藏，使用"放样" 按钮，分别选择两个曲面的对立边界线，设置如图 8-15 所示，建立曲面，将两个曲面光顺连接过渡。

6）单击"3D 草图" 按钮，使用"样条曲线" 按钮，在曲面上绘制如图 8-16 所示的一条 3D 曲线，将曲面翘起的部分裁剪掉。

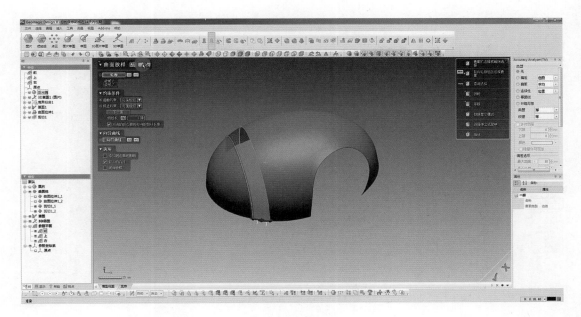

图　8-15

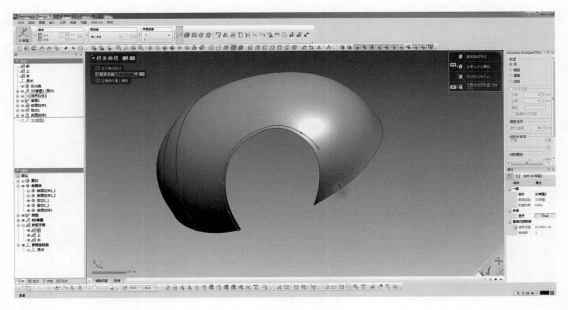

图　8-16

7）单击"剪切曲面" 按钮，"工具要素"选择绘制的 3D 曲线，"对象要素"选择被剪切的曲面，单击下一阶段，"保留体"选择需要保留的曲面，单击"确认"按钮完成剪切，如图 8-17 所示。

8）将点云进行显示，进入"3D 草图"模式，使用"样条曲线" 按钮绘制如图 8-18 所示的 3D 曲线，曲线两端要与曲面顶端连接，并且要与两边边界线相切（相切的设置方

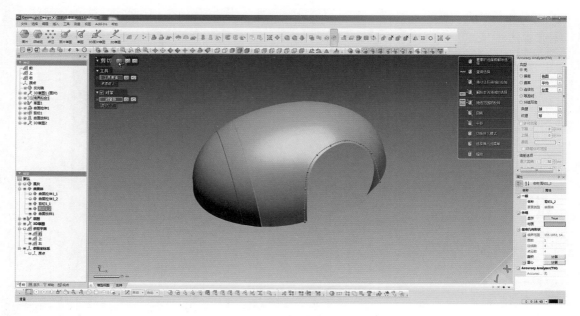

图 8-17

法，单击选中绘制的 3D 曲线，按住〈Ctrl〉键，用鼠标左键双击曲面要相切的边界线，设置相切约束）。

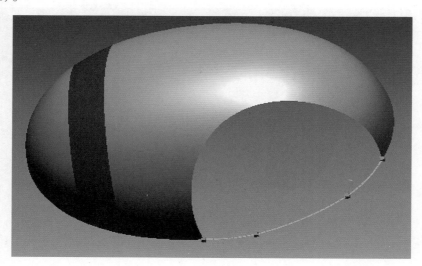

图 8-18

9）使用"面填补"◈按钮，选择曲面边界和曲线生成曲面。将缺口补上，参数设置如图 8-19 所示，建立如图 8-20 所示曲面（提示："相切"选项必须选上被约束的边界）。

10）单击"缝合"🔧按钮，选择图 8-20 所示的四个曲面，将其缝合为一个整体，单击下一阶段，再单击"确认"按钮完成缝合，如图 8-21 所示。

11）单击"延长曲面"📐按钮，选择下边缘的所有曲面边线，延长曲面使曲面超过

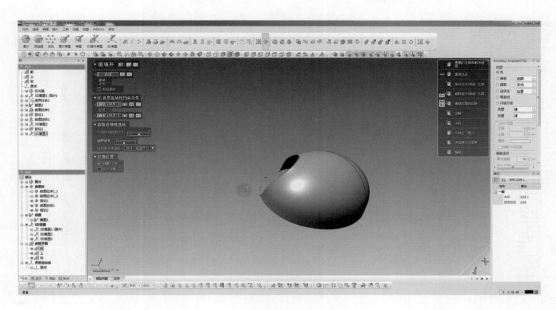

图　8-19

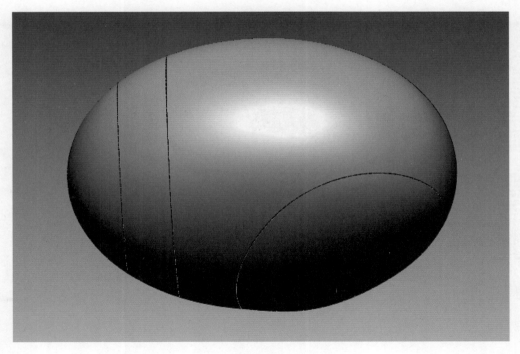

图　8-20

"前"参照面，如图 8-22 所示。

　　12）用偏移功能将外面的曲面向里偏移 4mm 距离，单击"确认"按钮完成，如图 8-23 所示。

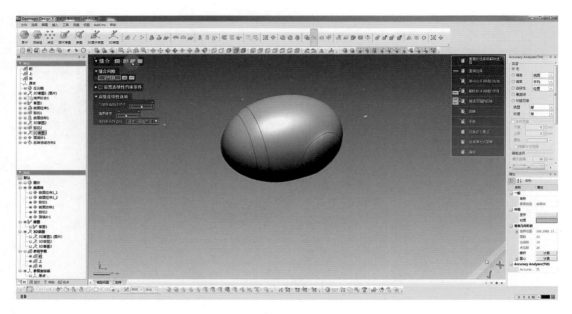

图 8-21

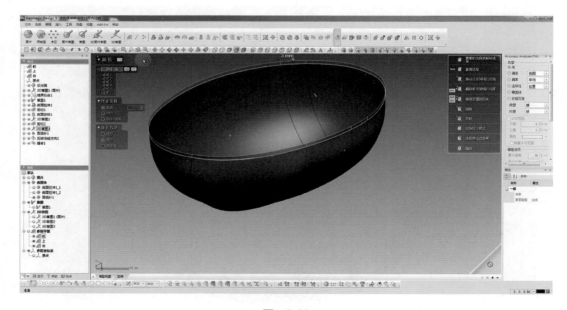

图 8-22

2.3 安装基座的建立

1）单击"领域组" 按钮，进入"领域组"模式，在弹出的对话框中单击"关闭"按钮，退出自动分割，如图 8-24 所示。

2）"鼠标选择模式"改为"画笔选择模式" ，用鼠标绘制如图 8-25 所示区域，单

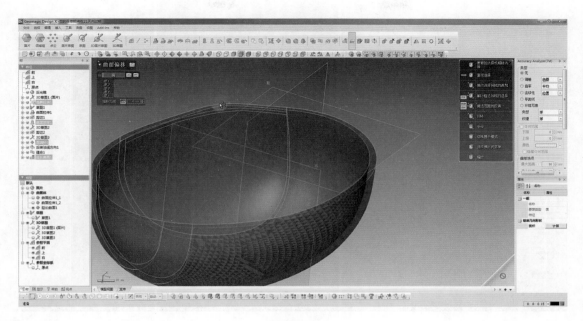

图　8-23

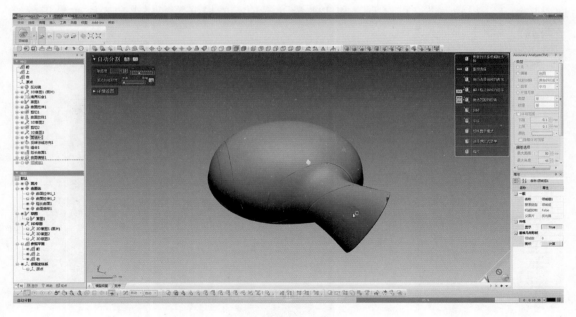

图　8-24

击工具栏左上角"插入新领域" 按钮，建立如图 8-25 所示的新领域，单击"确认"按钮退出。

3）使用"面片拟合" 按钮，参数设置如图 8-26 所示，选择刚创建的领域组，建立如图 8-26 所示曲面，单击"确认"按钮退出"面片拟合"模式。安装基座的第一个曲

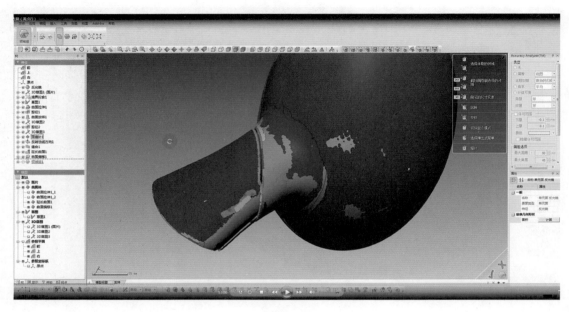

图　8-25

面成功建立（提示："许可误差"和"平滑"选项需要根据精度要求和光顺效果正行给予调整）。

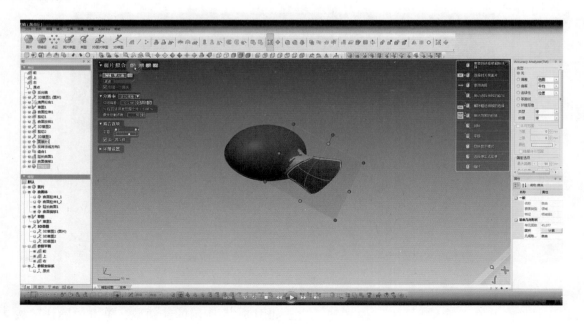

图　8-26

4）使用上述的相同方法将基座另一侧建立第二个曲面，如图 8-27 所示。

5）使用上述的相同方法将基座另一侧建立第三个曲面，如图 8-28 和图 8-29 所示。

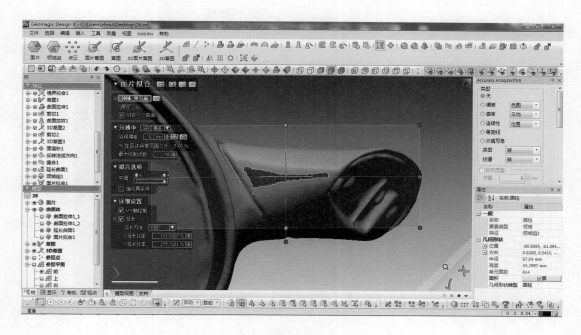

图　8-27

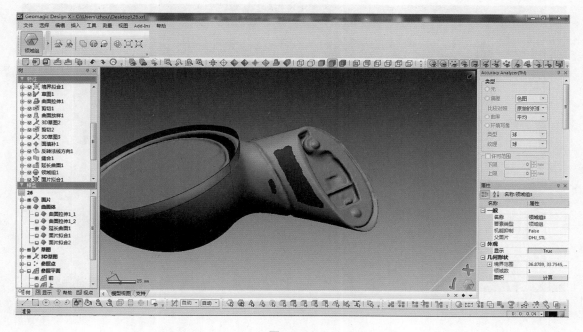

图　8-28

6）使用曲面剪切功能将上述三个曲面互相剪切，保留需要使用的部位，选择方法如图 8-30 所示设置，设置完毕后单击"确认"按钮确定，如图 8-31 所示。

7）单击"参照点" 按钮，更改选择模式为"矩形选择""单元点云选择模式"在

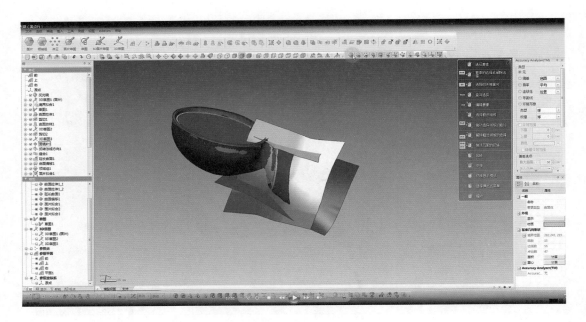

图　8-29

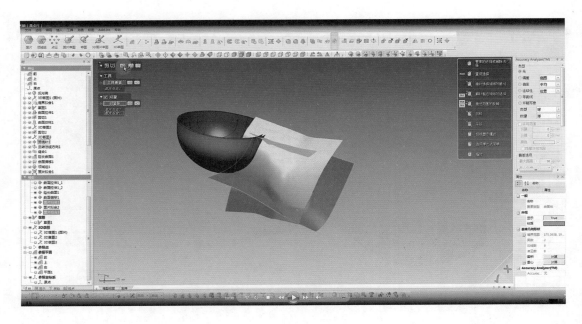

图　8-30

镜框边缘建立一个点，单击左上角"确认"按钮，建立的点呈现被选中的状态，单击三维
显示区域的其他地方取消这个点被选中的状态。再次单击"参照点" ![icon] 按钮，使用同样的
方法建立如图 8-32 所示的四个点。

图　8-31

图　8-32

8）单击工具栏中"参照平面" ⊞ 按钮，进入"追加参照平面"模式，如图 8-33 所示设置参数，选择刚刚建立的四个点，成功建立一个参照平面 2。

9）使用新建立的"平面 2"将互相剪切保留的三个曲面剪切，方法如图 8-34 和

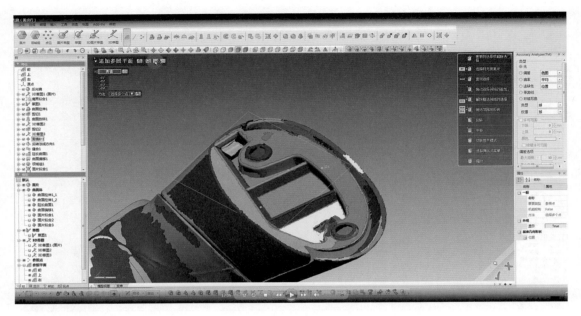

图　8-33

图 8-35 所示，"工具要素"选择"平面 2"，"对象体"选择剪切三个曲面，"残留体"选择"保留"，如图 8-34 所示部分。

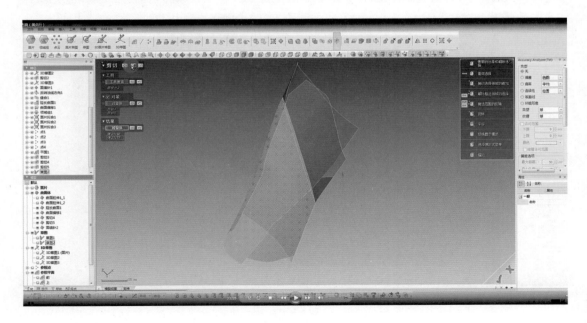

图　8-34

　　10）单击"3D 草图" 按钮，进入"3D 草图"模式，使用"样条曲线"功能在三个曲面上分别建立三条曲线，使三条曲线两两相交，如图 8-36 所示。

图　8-35

图　8-36

11）使用"剪切"  按钮，"工具要素"选择绘制的三条曲线，"对象要素"选择安装基座的三个曲面，单击下一阶段，"残留体"选择右半部分，如图 8-37 所示。

12）单击工具栏上的"倒圆角" 按钮，使用边倒角将三个边进行倒角，倒角大小可

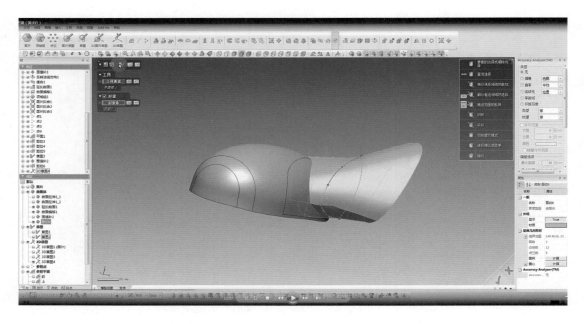

图 8-37

以参照偏差检测功能进行适度调整，如图 8-38 所示。

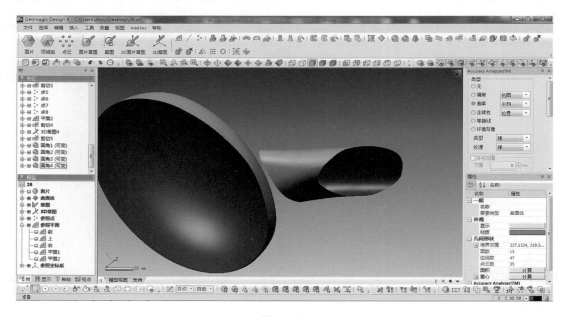

图 8-38

2.4 过渡区域的建立

1）将之前做好的"曲面偏移 1"隐藏，在外部的曲面上建立如图 8-39 和图 8-40 所示曲线，进入"3D 草图"模式，单击"样条曲线" 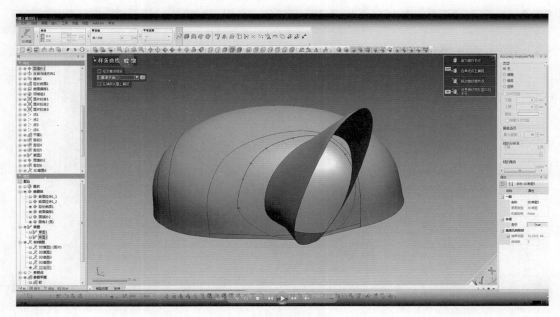 按钮，绘制如图 8-39 所示曲线，并使用"剪切"功能修剪此曲面，保留外部曲面部分。

图　8-39

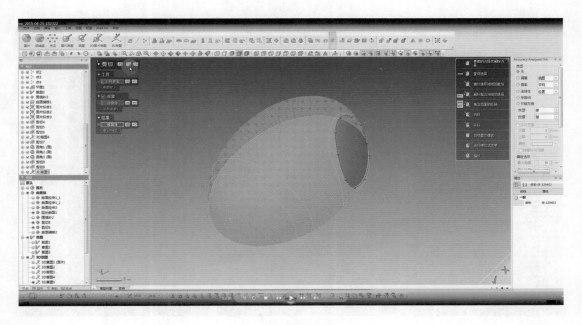

图　8-40

2）将绘制的 3D 草图隐藏，双击隐藏的 3D 草图特征，单击"分割"按钮，将曲线沿着对应的安装基座上倒角边线进行分割，单击"确认"按钮退出，如图 8-41 所示（单击

"分割"按钮，选中"选择点"分割方式，在需要分割的位置单击即可，分割处出现一个小圆圈）。

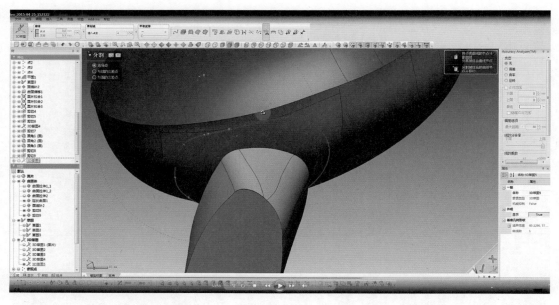

图 8-41

3）使用"放样" 按钮，将两个对应曲面光顺连接，如图 8-42 所示。

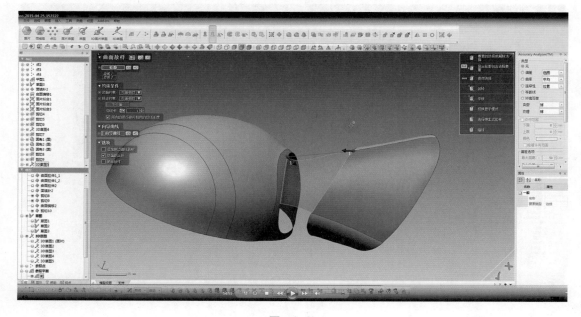

图 8-42

4）使用上述方法完整地将整个一圈面片放样连接，设置参数一致，如图 8-43 所示。

5）然后使用"缝合" 按钮，选择工件的三个部分的曲面（镜框、安装基座和连接

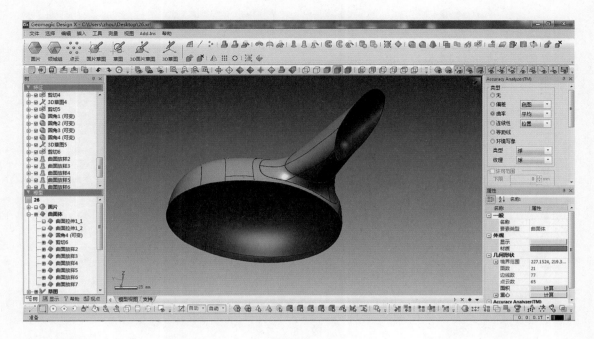

图　8-43

部分），单击下一阶段，再单击"确认"按钮确定，如图 8-44 所示。

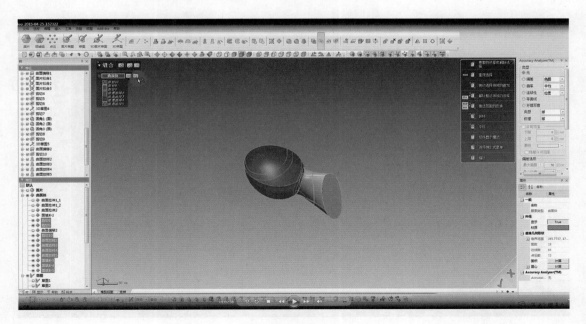

图　8-44

6）选择"前"参照面，单击"草图"按钮，进入"草图"模式，使用"创建矩形"□ 按钮，绘制如图 8-45 所示的草图，单击"确认"按钮退出"草图"模式。

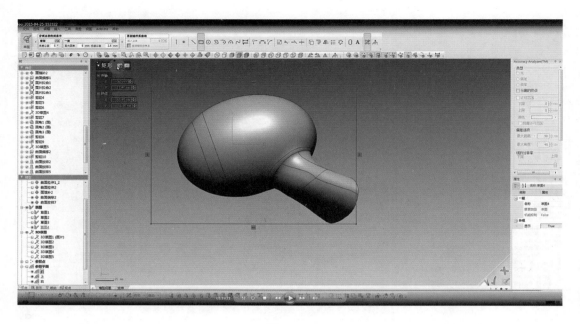

图　8-45

7）使用"面填补"◆按钮，选择新建立的矩形，创建一个平面，如图 8-46 和图 8-47 所示。

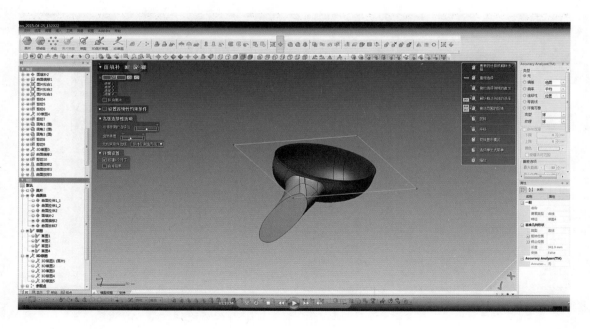

图　8-46

8）使用"剪切曲面"功能，单击"剪切曲面" 按钮，"工具要素"选择图 8-47 所

图　8-47

示的两个曲面，"对象体"选择这两个曲面，单击下一阶段，残留体选择如图 8-48 和
图 8-49 所示的绿色部分，单击"确认"按钮。

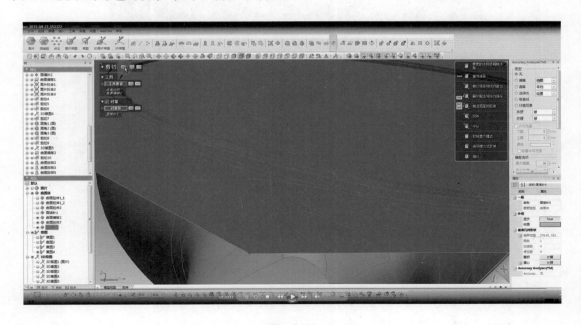

图　8-48

9）选择参照"平面2"，单击"草图"按钮，进入"草图"模式，单击"创建矩形"
□按钮，绘制如图 8-50 所示的草图，单击"确认"按钮退出草图模式。

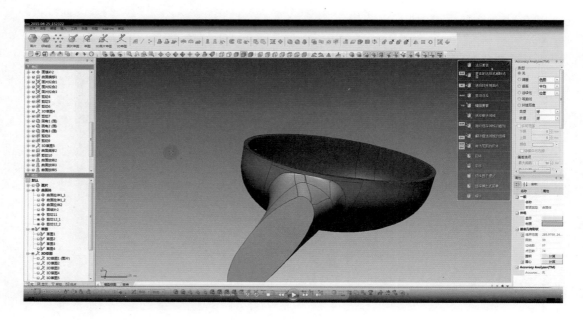

图   8-49

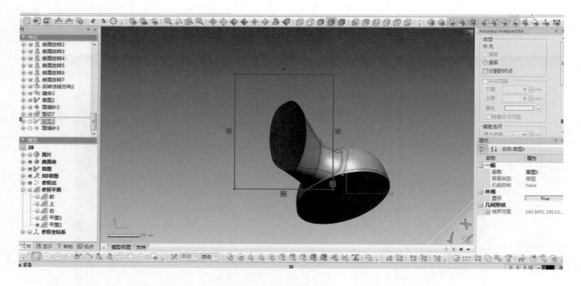

图   8-50

10）使用"面填补" 按钮，选择新建立的矩形，创建一个平面，如图 8-51 所示。

11）使用"剪切曲面"功能，单击"剪切曲面" 按钮，"工具要素"选择图 8-49 所示的两个曲面，"对象体"选择这两个曲面，单击下一阶段，"残留体"选择如图 8-52 所示的绿色部分。单击"确认"按钮，把相关曲面缝合成封闭的实体。

12）在左侧模型树下找到"曲面偏移 1"，将其显示。使用"缝合" 按钮将所有曲面

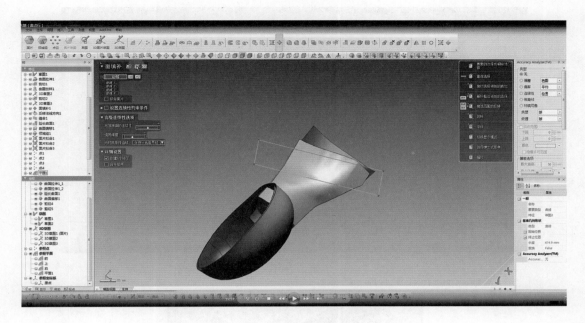

图 8-51

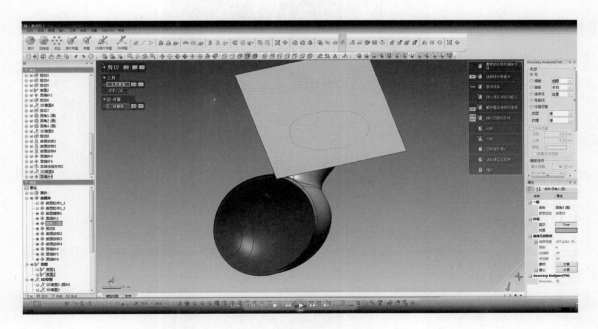

图 8-52

体缝合，如图 8-53 所示。

13）将镜框边缘倒角，倒角面接近数据偏差即可，得到最终模型，如图 8-54 所示。

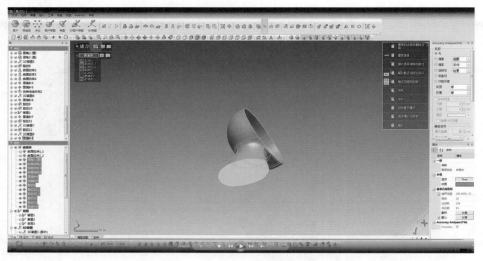

图　8-53

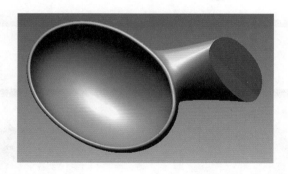

图　8-54

任务 3　误差分析和文件输出

3.1　误差分析

选中"偏差"单选按钮，显示曲面与网格（三角面片）之间的偏差图，如图 8-55
所示。

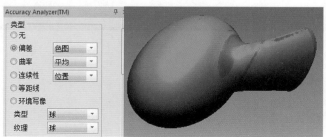

图　8-55

3.2 文件输出

在菜单栏中，选择"文件"→"输出"，选择工件，单击"确认"按钮，选择文件的位置以及文件格式，此案例保存为 STP 格式，如图 8-56 所示。

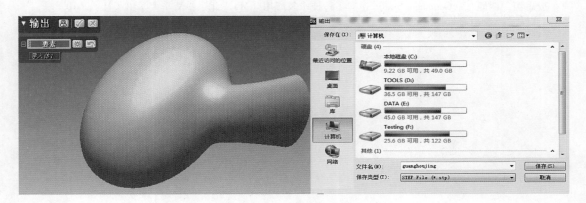

图 8-56

思考与练习

1）后期添加局部特征是否有利于创建模型?

2）面片草图功能的优势有哪些?

3）复杂曲面间应如何过渡?

4）面与实体间的修剪以及面与面间的修剪有何不同?

5）无数据的建模与有数据的建模有何区别?

参 考 文 献

[1] 成思源，杨雪荣. Geomagic Design Direct 逆向设计技术及应用［M］. 北京：清华大学出版社，2015.

[2] 成思源，谢韶旺. Geomagic Studio 逆向工程技术及应用［M］. 北京：清华大学出版社，2010.